高等职业教育铁道运输类新形态一体化系列教材

# 供用电技术综合应用

万东梅◎主编

王兰和　康建魄◎主审

中国铁道出版社有限公司

2 0 2 4 年 · 北 京

## 内 容 简 介

本书为"高等职业教育铁道运输类新形态一体化系列教材"之一。全书采用模块—项目式体例结构,主要包含供电系统运行维护、变配电设备预防试验、高压电工作业操作证实操培训、低压电工作业操作证实操培训、轨道交通电气设备装调"1+X"证书实操培训五个模块21个项目。

本书适合作为高等职业院校电气自动化技术、供用电技术、铁道供电技术等相关专业的教学用书,也可作为特种作业操作证(高、电压作业)考证培训用书,还可供从事电气岗位的工程技术人员参考。

**图书在版编目(CIP)数据**

供用电技术综合应用/万东梅主编 . —北京:中国铁道出版社
有限公司,2023.9(2024.1重印)
高等职业教育铁道运输类新形态一体化系列教材
ISBN 978-7-113-30203-0

Ⅰ.①供… Ⅱ.①万… Ⅲ.①供电-高等职业教育-教材
②配电系统-高等职业教育-教材 Ⅳ.①TM72

中国国家版本馆 CIP 数据核字(2023)第 071577 号

书　　名:**供用电技术综合应用**
作　　者:万东梅

责任编辑:尹　娜　　　　编辑部电话:(010)51873206　　　　电子邮箱:624154369@qq.com
封面设计:刘　莎
责任校对:刘　畅
责任印制:赵星辰

出版发行:中国铁道出版社有限公司(100054,北京市西城区右安门西街 8 号)
网　　址:http://www.tdpress.com
印　　刷:三河市国英印务有限公司
版　　次:2023 年 9 月第 1 版　2024 年 1 月第 2 次印刷
开　　本:787 mm×1 092 mm　1/16　印张:13.5　字数:336 千
书　　号:ISBN 978-7-113-30203-0
定　　价:49.00 元

**版权所有　侵权必究**

凡购买铁道版图书,如有印制质量问题,请与本社读者服务部联系调换。电话:(010)51873174
打击盗版举报电话:(010)63549461

# 前　言

　　本书为河北省精品在线开放课"供用电技术综合应用"的配套教材,按照"以能力为本位,以职业实践为主线,以真实的生产项目为载体"的总体设计要求,以培养供用电应用技能和相关职业岗位能力为基本目标,紧紧围绕工作任务需要来选择和组织内容。教学项目是以真实的生产项目为载体,由教师联合企业专家共同设计、开发的,它的选取突出了工作任务与知识、技能和素养的紧密性。

　　本书对接电工特种作业职业标准、岗位规范和轨道交通电气设备装调职业技能等级"1+X"证书标准,并结合电力行业、电气施工行业技术标准、安全操作规范,是校企"双元"合作开发的活页式立体教材。教材有配套的微课视频、动画等立体化数字资源(可登录智慧职教MOOC平台查看学习)。通过学习学生可掌握本专业知识和技术技能,能够从事电力系统、铁道及城轨供电系统、建筑供配电、电气控制柜和配电柜设计安装与调试、电气控制设备和自动控制设备检修与维护等岗位工作,成为高素质技术技能人才。

　　本书的主要特色如下:

　　1. **标准化。**依据《电气装置安装工程　电气设备交接试验标准》(GB 50150—2016)、《电力设备预防性试验规程》(DL/T 596—2021)、《水电站电气设备预防性试验规程》(Q/GDW 11150—2019)、《电力设备预防性试验规程》(Q/CSG 114002—2011)等国家标准、行业标准、企业标准进行编写,通过标准化训练,使学生强化标准化意识,规范其职业能力。

　　2. **任务化。**以培养供用电应用技能和相关职业岗位能力为基本目标,紧紧围绕完成工作任务的需要选择和组织课程内容,突出工作任务与知识的紧密性。

　　3. **项目化。**教学项目以真实生产项目为载体,并将知识、技能融入其中,项目的选取具有典型性、实用性、职业性、开放性和可拓展性。项目内容深入浅出、概念清晰、体系严谨,做到重点突出、层次分明、逻辑性强;在文字上力求简洁流畅、通俗易懂,便于学生自学。

    **4. 模块化。**模块化活页式立体教材包含活页教材、数字化教学资源(教学视频、标准化作业视频、操作票、项目任务单、项目考核单、作业规范、安全规范、操作标准)等。数字资源在智慧职教 MOOC 平台能够实现教学内容及时动态更新、补充,根据学习者需要模块化组合教学内容,满足线上线下多种教学模式。

    本书由石家庄铁路职业技术学院万东梅任主编,由中国铁路北京局集团有限公司石家庄供电段王兰和、石家庄康宏电气设备有限公司康建魄任主审,参与编写的有郑家辉、白晓磊、孙江伟、乔永春、靳会超、陈晓卜,参编人员全部来自石家庄铁路职业技术学院的老师和石家庄康宏电气设备有限公司的工程技术人员。具体编写分工如下:万东梅编写模块一(项目 1、项目 2)、模块二(项目 4)、模块三(项目 3、项目 4、项目 5)、模块四全部项目、模块五(项目 3);郑家辉编写模块三(项目 1、项目 2)、模块五(项目 4);乔永春编写模块五(项目 1);靳会超编写模块五(项目 2);白晓磊编写模块二(项目 1);孙江伟编写模块二(项目 2);陈晓卜编写模块二(项目 3)。

    由于编者水平有限,加之时间仓促,书中难免有不妥和疏漏之处,敬请各位读者提出宝贵意见。

编者

2023 年 1 月

# 目　录

## 模块三  高压电工作业操作证实操培训

# 模块一

# 供电系统运行维护

供电系统作为电力运行中的重要组成部分,在电力资源运输中占据着非常重要的地位。随着社会的不断发展,社会对电力的需求量越来越大,这就要求供电系统必须具有可靠、安全的电能供应能力,才能有效满足社会对电力的需求。其中,变电设备作为供电系统的核心部件,运行维护的质量是保证供电系统稳定、可靠运行的关键。因此,必须要充分认识到变电设备维护工作的重要性,加强对变电设备的日常维护和管理,以提高供电系统运行的可靠性与安全性。本模块主要内容为变电站电气设备的倒闸作业,包括高压开关柜倒闸作业和低压开关柜倒闸作业两部分。

# 工作票样例

几种工作票样例见表 1-0-1 ~ 表 1-0-3。

表 1-0-1　电气第一种工作票(高压)

编号:××××

| 部门:设备维护部 | | 班组:电气一次班 |
|---|---|---|
| 1. 工作负责人(监护人):李×× | | |
| 2. 工作班成员:(10人以下全填,10人以上只填10人);殷××、陈××、王×× | | 共3人 |
| 3. 工作任务:××××配电室 10 kV 配电柜、变压器、电缆的检修和试验 | | |
| **工作地点** | ××××10 kV 配电室 | |
| 4. 计划工作时间:自××××年××月××日××时××分开始,至××××年××月××日××时××分 | | |
| 5. 电气工作条件(全部停电或部分停电;部分停电必须具体指明工作地点保留哪些带电措施):全部停电 | | |
| 6. 本工作存在的危险点 | | |
| (1)人身触电。<br>(2)机械伤害 | | |
| 7. 经危险点分析需检修自理的安全措施(按工作顺序填写执行) | | 已执行(检修确认) |
| (1)工作前验电,无电压后方可工作。<br>(2)正确使用工器具和劳动防护用品 | | 1. √<br>2. √ |
| 8. 需要采取的安全措施 | | 已执行(运行确认) |
| (1)断开变压器低压侧主进柜断路器 4QF,并断开其二次回路开关,在开关操作把手上挂"禁止合闸、有人工作"标示牌。 | | 1. √ |
| (2)断开变压器低压侧隔离开关 4QS,断开其二次回路开关,在开关操作把手上挂"禁止合闸、有人工作"标示牌。 | | 2. √ |
| (3)断开 6 号高压电容控制柜复合开关 6QF,并断开其控制电源开关,在开关操作把手上挂"禁止合闸、有人工作"标示牌。 | | 3. √ |
| (4)断开 6 号高压电容控制柜隔离开关 6QS,在开关操作把手上挂"禁止合闸、有人工作"标示牌。 | | 4. √ |
| (5)合上 6 号高压电容控制柜接地刀闸 6QE。 | | 5. √ |
| (6)断开 4 号高压出线柜复合开关 4QS,并断开其控制电源开关,在开关操作把手上挂"禁止合闸、有人工作"标示牌。 | | 6. √ |
| (7)合上 4 号高压出线柜接地开关 4QE。 | | 7. √ |
| (8)断开 2 号高压主进柜断路器 2QF,并断开其控制电源开关,在开关操作把手上挂"禁止合闸、有人工作"标示牌。 | | 8. √ |
| (9)断开 2 号高压主进柜隔离开关 2QS,并断开其二次回路开关,在开关操作把手上挂"禁止合闸、有人工作"标示牌。 | | 9. √ |
| (10)合上 2 号高压主进柜接地刀闸 2QE。 | | 10. √ |
| (11)断开 5 号高压 PT 柜隔离开关 5QS,并断开其二次回路开关,在开关操作把手上挂"禁止合闸、有人工作"标示牌。 | | 11. √ |
| (12)合上 5 号高压 PT 柜接地刀闸 5QE。 | | 12. √ |
| (13)分别在 2 号高压主进柜、3 号高压计量柜、4 号高压出线柜、5 号高压 PT 柜、6 号高压电容控制柜、7 号高压电容柜、变压器柜本体挂"在此工作"标示牌 | | 13. √ |

续表

| 9. 安全注意事项 | 已执行(检修确认) |
|---|---|
| 防止走错间隔 | √ |

工作票签发人:张××于××××年××月××日××时××分审核并签发,并向工作负责人详细交代

工作票负责人:李××于××××年××月××日××时××分接受任务并已接受工作票签发人详细交代

| 10. 运行人员补充的工作地点保留带电部分和安全措施:<br>无补充 | 已执行(运行、检修确认)<br>√ |
|---|---|
| 值班负责人:杨×× | ××××年××月××日××时××分 |

11. 批准结束时间:××××年××月××日××时××分

值班长:李××　　　　工作许可人:杨××

12. 上述运行必须采取的安全措施(包括补充部分)已全部正确执行,已经工作许可人和工作负责人共同现场确认完毕。从××××年××月××日××时××分许可工作

13. 工作负责人已将分工情况、安全措施布置情况、危险点及安全注意事项、保留带电的部分向工作成员交代清楚。全体工作成员接受交代确认签字:
陈××　　王××

14. 工作负责人变更: 年 月 日 时 分 原工作负责人离去,变更为:孙××担任工作负责人。
工作票签发人:××　　　　工作许可人:××
原、现工作负责人对工作任务、安全措施、危险点及安全注意事项、保留的带电部分已全部交接。
原工作负责人:××　　　　现工作负责人:××

15. 工作班成员变更(增加、离去人员姓名,变更日期及时间)
工作负责人:××　　　　变更日期:××××年××月××日××分

16. 扩大工作任务(原安全措施不得变更)工作内容和工作地点:
工作许可人:××　　工作负责人:××××××年××月××日××分

17. 工作票延期:有效期延长到××××年××月××日××分
值班长:××　　工作许可人:××　　工作负责人:××

18. 检修设备需试运(工作间断),工作票押回

| 押回、停工时间 | 工作许可人 | 工作负责人 | 安全措施重新做好,<br>再次开工时间 | 工作许可人 | 工作负责人 |
|---|---|---|---|---|---|
| ××××年××月××日<br>××时××分 | | | ××××年××月××日<br>××时××分 | | |

19. 工作票终结:工作班成员已全部撤离,现场已清扫干净。全部工作于××××年××月××日××时××分结束。
工作负责人:李××　　　　工作许可人:杨××

20. 工作票接地线 1组,接地刀闸 1组,已拆除 2组,编号 ×××。
安全标示牌已收回。
值班负责人:××

21. 备注:无

表 1-0-2　电气第二种工作票(低压)

编号:××××

| 部门:设备维护部 | 班组:电气一次班 |
|---|---|
| 1. 工作负责人(监护人):李×× | |
| 2. 工作班成员:(10人以下全填,10人以上只填10人):殷××、陈××、王×× | 共 3 人 |
| 3. 工作任务:××××400 V配电室出线柜、母线及负荷开关的检修和试验 | |

| 工作地点 | ××××400 V 配电室 |
|---|---|

| 4. 计划工作时间:自××××年××月××日××时××分开始,至××××年××月××日××时××分 | |
|---|---|

5. 电气工作条件(全部停电或部分停电;部分停电必须具体指明工作地点保留哪些带电措施):
全部停电

6. 本工作存在的危险点

(1)人身触电。

(2)机械伤害

| 7. 经危险点分析需检修自理的安全措施(按工作顺序填写执行) | 已执行(检修确认) |
|---|---|
| (1)工作前验电,无电压后方可工作。 | 1. √ |
| (2)正确使用工器具和劳动防护用品。 | 2. √ |
| (3)将400 V主进柜前后柜门用软围栏封住,并悬挂"设备带电,严禁开启"标示牌 | 3. √ |

| 8. 需要采取的安全措施 | 已执行(运行确认) |
|---|---|
| (1)断开400 V低压侧主进柜断路器4QF,并断开其二次回路开关,在开关操作把手上挂"禁止合闸、有人工作"标示牌。 | 1. √ |
| (2)断开400 V低压侧隔离开关4QS,在开关操作把手上挂"禁止合闸、有人工作"标示牌。 | 2. √ |
| (3)断开400 V 2号出线柜隔离开关6QS,分路开关4QF21、4QF22、4QF23、4QF24,分别在开关操作把手上挂"禁止合闸、有人工作"标示牌。 | 3. √ |
| (4)断开400 V 3号电容柜隔离开关4QS1和柜内分路小开关,分别在开关操作把手上挂"禁止合闸、有人工作"标示牌。 | 4. √ |
| (5)在400 V母线上挂一组接地线。 | 5. √ |
| (6)分别在400 V电容柜、400 V出线柜、400 V母线上挂"在此工作"标示牌 | 6. √ |

| 9. 安全注意事项 | 已执行(检修确认) |
|---|---|
| (1)防止走错间隔。 | √ |
| (2)核对设备名称、验电 | √ |

工作票签发人:张××于2015 年××月××日××时××分审核并签发,并向工作负责人详细交代

工作票负责人:李××于2015 年××月××日××时××分接受任务并已接受工作票签发人详细交代

| 10. 运行人员补充的工作地点保留带电部分和安全措施:<br>无补充 | 已执行(运行、检修确认)<br>√ |
|---|---|
| 值班负责人:杨×× | ××××年××月××日××时××分 |

11. 批准结束时间:××××年××月××日××时××分

值班长:李××　　　　　　工作许可人:杨××

12. 上述运行必须采取的安全措施(包括补充部分)已全部正确执行,已经工作许可人和工作负责人共同现场确认完毕。从××××年××月××日××时××分许可工作

13. 工作负责人已将分工情况、安全措施布置情况、危险点及安全注意事项、保留带电的部分向工作成员交代清楚。全体工作成员接受交代确认签字:
陈××　王××

14. 工作负责人变更:××××年××月××日××时××分　原工作负责人离去,变更为:×××担任工作负责人。
工作票签发人:××　　　　工作许可人:××
原、现工作负责人对工作任务、安全措施、危险点及安全注意事项、保留的带电部分已全部交接。
原工作负责人:××　　　　现工作负责人:××

| | |
|---|---|
| 15. 工作班成员变更(增加、离去人员姓名,变更日期及时间)<br>工作负责人:××        变更日期:××××年××月××日××分 | |

| |
|---|
| 16. 扩大工作任务:(原安全措施不得变更)工作内容和工作地点:<br>工作许可人:××        工作负责人:××        ××××年××月××日××分 |

| |
|---|
| 17. 工作票延期:有效期延长到:××××年××月××日××分<br>值班长:××        工作许可人:××        工作负责人:×× |

18. 检修设备需试运(工作间断),工作票押回

| 押回、停工时间 | 工作<br>许可人 | 工作<br>负责人 | 安全措施重新做好,<br>再次开工时间 | 工作<br>许可人 | 工作<br>负责人 |
|---|---|---|---|---|---|
| ××××年××月××日<br>××时××分 | ×× | ×× | ××××年××月××日<br>××时××分 | ×× | ×× |

| |
|---|
| 19. 工作票终结:工作班成员已全部撤离,现场已清扫干净。全部工作于××××年××月××日××时××分结束。<br>工作负责人:李××        工作许可人:杨×× |

| |
|---|
| 20. 工作票接地线  1组,接地刀闸  1组,已拆除 2组,编号  ×××。<br>安全标示牌已收回。(如无接地线,可直接在组字前划"/")<br>值班负责人:×× |

| |
|---|
| 21. 备注:无 |

表 1-0-3  ×××××10 kV 系统运行转检修操作票

编号:×××××                                                            第1页,共1页

| 发令人 | 孙×× | 受令人 | 张×× | 发令时间 | 2015 年××月××日××时××分 |
|---|---|---|---|---|---|
| 操作开始时间××××年××月××日××时××分 | | | | 操作结束时间××年××月××日××时××分 | |
| (√)监护下作业           (  )单人操作 | | | | | |
| 操作任务:×××××10 kV 系统检修转运行 | | | | | |

| 顺序 | 操作项目 | 接地线 | 执行情况(√) |
|---|---|---|---|
| 1 | 断开变压器低压侧断路器4QF2,并断开其二次回路开关 | | √ |
| 2 | 断开变压器低压侧隔离开关4QS3,并断开其二次回路开关 | | √ |
| 3 | 断开6号高压电容控制柜断路器6QF,并断开其控制电源开关 | | √ |
| 4 | 断开6号高压电容控制柜隔离开关6QS | | √ |
| 5 | 合上6号高压电容控制柜接地刀闸6QE | √1组 | |
| 6 | 断开4号高压出线柜负荷开关4QS,断开其控制电源开关 | | √ |
| 7 | 合上4号高压出线柜接地刀闸4QE | | √ |
| 8 | 断开2号高压主进柜断路器2QF,并断开其控制电源开关 | √1组 | |
| 9 | 断开2号高压主进柜隔离开关2QS,并断开其二次回路开关 | | √ |
| 10 | 合上2号高压主进柜接地刀闸2QE | | |
| 11 | 断开5号高压PT柜隔离开关5QS,并断开其二次回路开关 | √1组 | |
| 12 | 合上5号高压PT柜接地刀闸5QE | | √ |
| | 在空白处填写(以下空白)并画下划线 | | |
| | | | |
| | | | |
| | | | |
| | | | |
| | | | |

续表

|  |  |  |  |
| --- | --- | --- | --- |
|  |  |  |  |
|  |  |  |  |
|  |  |  |  |
|  |  |  |  |
|  |  |  |  |

备注：

操作人(填票人)：张×× 监护人(审票人)：孙×× 运行负责人(值班长)：李××

注：红色(阴影)部分需要现场手填。

## 主接线图

本模块以石家庄铁路职业技术学院 10 kV 供电系统为例，进行倒闸作业。10 kV 供电系统主接线如图 1-0-1 所示。

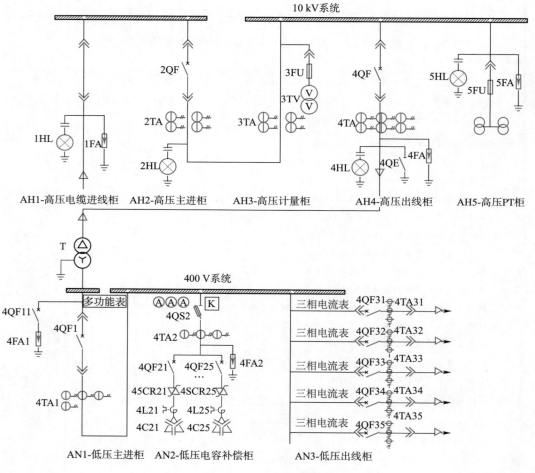

图 1-0-1 10 kV 供电系统主接线

## 项目任务单

| 作业项目 | | 项目 1　高压开关柜倒闸作业 | | | |
|---|---|---|---|---|---|
| 序号 | 明细 | 作业内容、标准及图例 | | | |
| 1 | 适用范围 | 适用于 10 kV 变配电系统运行维护 | | | |
| 2 | 编制依据 | (1)《电力设备预防性试验规程》。<br>(2)《国家电网公司电力安全工作规程》。<br>(3)《电力安全工作规程》。<br>(4)《铁路电力管理规则》和《铁路电力安全工作规程》 | | | |
| 3 | 作业流程 |  作业前准备 → 填写倒闸操作票、召开预想会、开工会、制订安全措施 → 根据倒闸操作票，对设备进行停送电作业 → 作业完毕，确认设备可以投入运行 → 作业结束，办理收工手续，保存操作票 → 填写记录 | | | |

| | | 作业项目 | 作业内容 | | |
|---|---|---|---|---|---|
| 4 | 作业项目及内容 | 1.1 高压电缆进线柜倒闸作业 | (1)高压电缆进线柜运行转检修作业。<br>(2)高压电缆进线柜检修转运行作业 | | |
| | | 1.2 高压主进柜倒闸作业 | (1)高压主进柜由运行转检修作业。<br>(2)高压主进柜由检修转运行作业 | | |
| | | 1.3 高压 PT 柜倒闸作业 | (1)高压 PT 柜由运行转检修作业。<br>(2)高压 PT 柜由检修转运行作业 | | |
| | | 1.4 高压出线柜倒闸作业 | (1)高压出线柜由运行转检修作业。<br>(2)高压出线柜由检修转运行作业 | | |

| | | | 分工 | 人数 | 要求 | 职责 |
|---|---|---|---|---|---|---|
| 5 | 准备工作 | 人员准备 | 作业人员 | 1 人 | 1. 必须经过技术安全考试合格。<br>2. 取得岗位培训合格证书。<br>3. 取得《特种作业操作证—电工作业》证书 | 负责倒闸操作 |

| | | | 分工 | 人数 | 要求 | 职责 |
|---|---|---|---|---|---|---|
| 5 | 准备工作 | 人员准备 | 安全监护人员 | 1人 | 1. 必须经过技术安全考试合格。<br>2. 取得岗位培训合格证书。<br>3. 取得《特种作业操作证——电工作业》证书 | 监控现场作业安全 |

| | | | 名称 | 规格 | 单位 | 数量 |
|---|---|---|---|---|---|---|
| | | 工具准备 | 绝缘手套 | 高压 | 双 | 1 |
| | | | 绝缘拉杆 | — | — | — |
| | | | 绝缘靴 | 根据需要 | 双 | 若干 |
| | | | 操作把手 | 根据需要 | 个 | 若干 |
| | | | 各种标示牌 | 根据需要 | 套 | 若干 |
| | | 安全、防护、个人工具及其他工具根据具体作业内容携带 | | | | |

| 6 | 作业步骤及标准 | 1. 倒闸前准备<br>(1)根据工作票或调度命令,由操作人填写倒闸操作票,工长或监护人审核,审核完毕签字后方可执行。<br>(2)每张倒闸操作票只准许填写一个操作任务,操作票应填写设备的双重名称,即设备名称和编号。<br>(3)操作票应用黑色或蓝色钢笔、圆珠笔填写或打印机打印,票面应清楚整洁,不得涂改。<br>2. 填写倒闸操作票<br>(1)倒闸操作票应填写内容<br>①拉合设备[断路器(开关)、隔离开关(刀闸)、跌落式熔断器、接地刀闸等],验电,装拆接地线,合上(安装)或断开(拆除)控制回路或电压互感器回路的空气开关、熔断器,切换保护回路和自动化装置,切换断路器(开关)、隔离开关(刀闸)控制方式,检验是否确无电压等。<br>②拉合设备[断路器(开关)、隔离开关(刀闸)、跌落式熔断器、接地刀闸等]后检查设备的位置。<br>③停、送电操作,在拉合隔离开关(刀闸)或拉出、推入手车开关前,检查断路器(开关)确在分闸位置。<br>④在倒负荷或解、并列操作前后,检查相关电源运行及负荷分配情况。<br>⑤设备检修后合闸送电前,检查送电范围内接地刀闸已拉开,接地线已拆除。<br>⑥根据设备指示情况确定的间接验电和间接方法判断设备位置的检查项。<br>(2)可不填写倒闸操作票的工作<br>①事故处理的操作。操作后记入工作日志并及时上报。<br>②拉、合线路开关或变压器一、二次开关的单一操作,可根据工作票或口头命令进行。<br>③同一台开关柜内开关的单一拉、合操作。操作可根据工作票或调度命令进行,操作后记入工作日志,并报告发令人。<br>3. 倒闸操作<br>(1)应由二人进行,一人监护、一人操作。远动倒闸作业由值班调度员完成操作。<br>(2)操作人员应戴绝缘手套,操作前应对绝缘手套进行质量检查。<br>(3)停电操作应按照先分断路器后拉隔离开关。先拉负荷侧隔离开关,后拉电源侧隔离开关顺序进行。送电操作顺序与此相反,严禁带负荷操作隔离开关。<br>(4)倒闸作业前,应按倒闸操作票记录的倒闸顺序与模拟图核对确认相符并无误后才能执行。<br>(5)倒闸操作中,应注意防止通过电压互感器二次侧、不间断电源装置和所内变压器二次侧返回电源至高压侧。<br>(6)变压器两侧(或三侧)断路器的操作顺序如下:停电时,先停负荷侧断路器,后停电源侧断路器。送电时顺序与此相反。<br>(7)装设和取下变电所内变压器二次总熔断器时,应先断开变电所内变压器高压电源(变电所内的变压器二次装空气开关除外)。<br>(8)倒闸操作按倒闸操作票顺序逐项进行,操作过程中应呼唤应答,监护人口述命令,操作人复诵并确认操作对象。操作人操作完成后,口述操作结果,监护人复诵操作结果,每完成一项做一记号"√"。全部操作完毕后进行复查,并报告发令人。 |

| 6 | 作业步骤及标准 | 4. 保存倒闸操作票<br>(1)同一变、配电所的倒闸操作票应事先连续编号,计算机生成的倒闸操作票应在正式出票前连续编号,倒闸操作票按编号顺序使用。<br>(2)作废的倒闸操作票,应注明"作废"字样,未执行的应注明"未执行"字样,已操作的应注明"已执行"字样。<br>(3)倒闸操作票应保存一年或随工作票保存一个检修周期。<br>5. 收工总结<br>召开班后会,填写相关记录 | |
|---|---|---|---|
| 7 | 主要风险点及控制措施 | **风险点** | **卡控措施** |
| | | 触电伤害 | 1. 严格佩戴各种安全防护用品,操作人员应戴绝缘手套,穿绝缘鞋站在绝缘垫上进行。<br>2. 与带电体保持足够的安全距离 |
| | | 误操作设备 | 倒闸操作按倒闸操作票顺序逐项进行,操作过程中应呼唤应答,监护人口述命令,操作人复诵并确认操作对象。操作完成后,口述操作结果,监护人复诵操作结果,每完成一项做一记号"√"。全部操作完毕后进行复查,并报告发令人 |
| 8 | 应急处置 | **关键问题** | **处置方法** |
| | | 触电伤害 | 作业人员发生触电时,现场人员应迅速切断电源或使用绝缘工具、干燥的木棒、木板、绳索等不导电的东西解脱触电者,在没有切断电源前,不得盲目施救。触电者脱离电源后,立即就地坚持正确抢救,并设法联系医疗部门接替救治 |
| | | 误操作设备 | 1. 发生误操作时,错合、错分隔离开关后,不得再打开或闭合。<br>2. 带负荷操作高压开关。发生带负荷操作高压开关时,当开关触头处未完全断开时,应立即将开关合上;如已经断开,则不允许再闭合 |
| 9 | 记录填写 | 1. 变配电所运行日志。<br>2. 工作日志 | |

# 1.1 高压电缆进线柜倒闸作业

## 1.1.1 作业设备

高压电缆进线柜 AH1

## 1.1.2 作业工具

(1)绝缘手套
(2)绝缘靴
(3)操作把手,柜门钥匙
(4)各种标示牌
(5)运转小车

## 1.1.3 倒闸操作票

根据现场供电系统主接线图或一次系统模拟图、作业步骤及标准,填写高压电缆进线柜倒闸操作票,见表 1-1-1 和表 1-1-2。

表 1-1-1　高压电缆进线柜由运行转检修操作票

| 10 kV 变电所倒闸操作票 | | | | |
|---|---|---|---|---|
| | | | | 作票编号： |
| **操作开始时间：**　年　月　日　时　分 | | **结束时间：**　年　月　日　时　分 | | |
| **操作任务:**高压电缆进线柜 AH1 及其线路由运行转检修 | | | | |
| 执行√ | 顺序 | 操作项目 | | 完成时间 |
| | | | | |
| | | | | |
| | | | | |
| | | | | |
| | | | | |
| | | | | |
| | | | | |
| | | | | |
| | | | | |
| | | | | |
| | | | | |
| 备注： | | | | |
| 操作人：　　　　　监护人：　　　　　值班负责人：　　　　　值班长： | | | | |
| 评语：_____ | | | | |

表 1-1-2　高压电缆进线柜由检修转运行操作票

| 10 kV 变电所倒闸操作票 | | | | |
|---|---|---|---|---|
| | | | | 作票编号： |
| **操作开始时间：**　年　月　日　时　分 | | **结束时间：**　年　月　日　时　分 | | |
| **操作任务:**高压电缆进线柜 AH1 及其线路由检修转运行 | | | | |
| 执行√ | 顺序 | 操作项目 | | 完成时间 |
| | | | | |
| | | | | |
| | | | | |
| | | | | |
| | | | | |
| | | | | |
| | | | | |
| | | | | |
| | | | | |
| | | | | |
| | | | | |
| 备注： | | | | |
| 操作人：　　　　　监护人：　　　　　值班负责人：　　　　　值班长： | | | | |
| 评语：_____ | | | | |

## 1.1.4 操作步骤

**1. 安全预想**

依据作业内容,工作领导人组织作业相关人员召开安全预想会,指出作业风险源,并制订相应防范措施。

**2. 作业准备**

(1)作业前检查所有仪器仪表,以及其他工器具,确认齐全、工作状态良好。

(2)检查作业基本条件是否满足要求,见表 1-1-3。

表 1-1-3 作业基本条件

| 序号 | 作业基本要求 | 已完成 | 备注 |
|---|---|---|---|
| 1 | 作业工作许可手续办理完毕 | | |
| 2 | 作业人员状态良好,已安排到位 | | |
| 3 | 向作业人员交代工作内容、地点、危险点分析及预控措施 | | |
| 4 | 试验仪器及工器具完好、校验合格,材料齐全、数量充足 | | |
| 5 | 作业人员安全防护设备配备齐全 | | |
| 6 | 作业现场文明生产防护已完成 | | |
| 7 | 设置试验警示围栏 | | |

**3. 办理第一种工作票**

值班人员向工作领导人介绍变电所内设备运行情况。供电调度员通知值班人员准许作业,值班人员和工作领导人根据供电调度命令办理相关安全措施手续,开始作业。

**4. 检查相关设备**

检查本变电所 10 kV 供电系统的运行情况,并做好记录。

**5. 高压电缆进线柜由运行转检修作业**

(1)检查 AH2 柜断路器位置状态,确认断路器在"分"位。

(2)将 AH1 柜手车摇至"试验"位。

(3)检查 AH1 柜手车机械指示在"试验"位。

(4)打开 AH1 柜仪表室柜门。

(5)拉开 AH1 柜二次回路电源。

(6)锁好 AH1 柜仪表室柜门。

(7)打开 AH1 柜开关室柜门。

(8)取下 AH1 柜二次回路插头。

(9)检查 AH1 柜二次回路已断开。

(10)将 AH1 柜手车由"试验"位拉出,放置在运转小车。

(11)检查 AH1 柜柜内隔板已可靠封闭。

(12)锁好开关室柜门。

(13)倒闸作业完成后,清理现场(工完、料净、场地清)。

**6. 高压电缆进线柜由检修转运行作业**

(1)检查 AH2 柜断路器是否在"分"位。

(2)检查 AH1 柜前后门已关闭。

(3)打开 AH1 柜开关室柜门。

(4)将 AH1 柜手车推入柜内置"试验"位。

(5)检查手车定位销已到位。

(6)装上 AH1 柜二次回路插头。

(7)锁好 AH1 柜开关室柜门。

(8)打开 AH1 柜仪表室柜门。

(9)合上 AH1 柜二次回路电源开关。

(10)锁好 AH1 柜仪表室柜门。

(11)将 AH1 柜手车摇至"工作"位。

(12)检查 AH1 柜手车机械指示在"工作"位。

(13)倒闸作业完成后,清理现场(工完、料净、场地清)。

## 1.1.5 拓展训练

1. 编制操作票危险点分析预控措施卡,见表 1-1-4。

表 1-1-4 高压电缆进线柜倒闸操作危险点分析预控措施卡

| 10 kV 变电所倒闸操作票 危险点分析预控措施卡 | | | |
|---|---|---|---|
| 操作任务:高压电缆进线柜 AH1 及其线路倒闸操作 | | | |
| 序号 | 危险因素 | 控制措施 | 执行√ |
| | | | |
| | | | |
| | | | |
| | | | |
| | | | |
| | | | |
| | | | |
| | | | |
| | | | |
| | | | |
| 备注: | | | |
| 操作人: | 监护人: | 值班负责人: | 值班长: |

2. 画出本作业流程图。

3. 编制高压电缆进线柜倒闸操作票。

# 1.2　高压主进柜倒闸作业

## 1.2.1　作业设备

高压主进柜 AH2

## 1.2.2　作业工具

(1)绝缘手套
(2)绝缘靴
(3)操作把手,柜门钥匙
(4)各种标示牌
(5)运转小车

## 1.2.3　倒闸操作票

根据现场供电系统主接线图或一次系统模拟图、作业步骤及标准,填写高压主进柜倒闸操作票,见表 1-1-5 和表 1-1-6。

表 1-1-5　高压主进柜由运行转检修操作票

| 10 kV 变电所倒闸操作票 | | | |
|---|---|---|---|
| | | | 作票编号: |
| **操作开始时间:** 年　月　日　时　分 | | **结束时间:** 年　月　日　时　分 | |
| **操作任务:** 高压主进柜 AH2 及其线路由运行转检修 | | | |
| 执行√ | 顺序 | 操作项目 | 完成时间 |
| | | | |
| | | | |
| | | | |
| | | | |
| | | | |
| | | | |
| | | | |
| | | | |
| | | | |
| | | | |
| | | | |
| 备注: | | | |
| 操作人:　　　　　监护人:　　　　　值班负责人:　　　　　值班长: | | | |
| 评语: | | | |

13

表 1-1-6　高压主进柜由检修转运行操作票

| 10 kV 变电所倒闸操作票 | | | |
|---|---|---|---|
| | | | 作票编号： |
| 操作开始时间：年 月 日 时 分 | | 结束时间：年 月 日 时 分 | |
| 操作任务：高压主进柜 AH2 及其线路由检修转运行 | | | |
| 执行√ | 顺序 | 操作项目 | 完成时间 |
| | | | |
| | | | |
| | | | |
| | | | |
| | | | |
| | | | |
| | | | |
| | | | |
| | | | |
| | | | |
| | | | |
| | | | |
| 备注： | | | |
| 操作人：　　　　监护人：　　　　值班负责人：　　　　值班长： | | | |
| 评语：＿＿＿＿＿＿＿＿＿＿＿＿＿＿＿＿＿＿＿＿＿＿＿＿＿ | | | |

## 1.2.4　操作步骤

### 1. 安全预想

依据作业内容，工作领导人组织作业相关人员召开安全预想会，指出作业风险源，并制订相应防范措施。

### 2. 作业准备

(1)作业前检查所有仪器仪表，以及其他工器具，确认齐全、工作状态良好。

(2)检查作业基本条件是否满足要求，见表 1-1-7。

表 1-1-7　作业基本条件

| 序号 | 作业基本要求 | 已完成 | 备注 |
|---|---|---|---|
| 1 | 作业工作许可手续办理完毕 | | |
| 2 | 作业人员状态良好，已安排到位 | | |
| 3 | 向作业人员交代工作内容、地点、危险点分析及预控 | | |
| 4 | 试验仪器及工器具完好、校验合格，材料齐全、数量充足 | | |
| 5 | 作业人员安全防护设备配备齐全 | | |
| 6 | 作业现场文明生产防护已完成 | | |
| 7 | 设置试验警示围栏 | | |

**3. 办理第一种工作票**

值班人员向工作领导人介绍变电所内设备运行情况。供电调度员通知值班人员准许作业,值班人员和工作领导人根据供电调度命令办理相关安全措施手续,开始作业。

**4. 检查相关设备**

检查本变电所 10 kV 供电系统的运行情况,并做好记录。

**5. 高压主进柜由运行转检修作业**

(1)将 AH2 柜断路器遥控开关切至"就地"位。

(2)断开 AH2 柜断路器开关。

(3)检查 AH2 柜断路器电气指示在"分"位。

(4)将 AH2 柜断路器摇至"试验"位。

(5)检查 AH2 柜断路器机械指示在"试验"位。

(6)打开 AH2 柜仪表室柜门。

(7)拉开 AH2 柜二次回路电源。

(8)锁好 AH2 柜仪表室柜门。

(9)打开 AH2 柜开关室柜门。

(10)取下 AH2 柜断路器二次回路插头。

(11)检查 AH2 柜断路器二次回路已断开。

(12)将 AH2 柜断路器由"试验"位置拉出,放置在运转小车。

(13)检查 AH2 柜柜内隔板已可靠封闭。

(14)关闭开关室柜门。

(15)倒闸作业完成后,清理现场(工完、料净、场地清)。

**6. 高压主进柜由检修转运行作业**

(1)检查 AH2 柜前后门已关闭。

(2)检查并确认 AH2 柜断路器遥控开关置"就地"位。

(3)打开 AH2 柜开关室柜门。

(4)检查 AH2 柜断路器机械指示在"分"位。

(5)将 AH2 柜断路器推入柜内,置"试验"位。

(6)检查手车定位销已到位 。

(7)装上 AH2 柜断路器二次控制回路插头。

(8)锁好 AH2 柜开关室柜门。

(9)打开 AH2 柜仪表室柜门。

(10)合上 AH2 柜二次回路电源开关。

(11)锁好 AH2 柜仪表室柜门。

(12)将 AH2 柜断路器摇至"工作"位。

(13)检查 AH2 柜手车机械指示在"工作"位。

(14)合上 AH2 柜断路器合闸开关。

(15)检查 AH2 柜断路器电气指示在"合"位。

(16)将 AH2 柜断路器遥控开关切至"远方"位。

(17)倒闸作业完成后,清理现场(工完、料净、场地清)。

### 1.2.5 拓展训练

1. 编制操作票危险点分析预控措施卡,见表 1-1-8。

表 1-1-8 高压主进柜倒闸操作危险点分析预控措施卡

| 10 kV 变电所倒闸操作票 危险点分析预控措施卡 | | | |
|---|---|---|---|
| **操作任务:**高压主进柜 AH2 及其线路倒闸操作 | | | |
| 序号 | 危险因素 | 控制措施 | 执行√ |
| | | | |
| | | | |
| | | | |
| | | | |
| | | | |
| | | | |
| | | | |
| | | | |
| | | | |
| | | | |
| 备注: | | | |
| 操作人: | 监护人: | 值班负责人: | 值班长: |

2. 画出本作业流程图。
3. 编制高压主进柜倒闸操作票。

# 1.3 高压 PT 柜倒闸作业

## 1.3.1 作业设备

高压 PT 柜 AH5

## 1.3.2 作业工具

(1)绝缘手套
(2)绝缘靴
(3)操作把手,柜门钥匙
(4)各种标示牌
(5)运转小车

## 1.3.3 倒闸操作票

根据现场供电系统主接线图或一次系统模拟图、作业步骤及标准,填写高压 PT 柜倒闸操作票,见表 1-1-9 和表 1-1-10。

表 1-1-9 高压 PT 柜由运行转检修操作票

| 10 kV 变电所倒闸操作票 | | | |
|---|---|---|---|
| | | | 作票编号： |
| 操作开始时间：年 月 日 时 分 | | 结束时间：年 月 日 时 分 | |
| 操作任务：高压 PT 柜 AH5 及其线路由运行转检修 | | | |
| 执行√ | 顺序 | 操作项目 | 完成时间 |
| | | | |
| | | | |
| | | | |
| | | | |
| | | | |
| | | | |
| | | | |
| | | | |
| | | | |
| | | | |
| | | | |
| 备注： | | | |
| 操作人： 监护人： 值班负责人： 值班长： | | | |

评语：_____

表 1-1-10 高压 PT 柜由检修转运行操作票

| 10 kV 变电所倒闸操作票 | | | |
|---|---|---|---|
| | | | 作票编号： |
| 操作开始时间：年 月 日 时 分 结束时间：年 月 日 时 分 | | | |
| 操作任务：高压 PT 柜 AH5 及其线路由检修转运行 | | | |
| 执行√ | 顺序 | 操作项目 | 完成时间 |
| | | | |
| | | | |
| | | | |
| | | | |
| | | | |
| | | | |
| | | | |
| | | | |
| | | | |
| | | | |
| | | | |
| 备注： | | | |
| 操作人： 监护人： 值班负责人： 值班长： | | | |

评语：_____

### 1.3.4 操作步骤

**1. 安全预想**

依据作业内容,工作领导人组织作业相关人员召开安全预想会。指出作业风险源,并制订相应防范措施。

**2. 作业准备**

(1)作业前检查所有仪器仪表,以及其他工器具,确认齐全、工作状态良好。

(2)检查作业基本条件是否满足要求,见表1-1-11。

表 1-1-11 作业基本条件

| 序号 | 作业基本要求 | 已完成 | 备注 |
|---|---|---|---|
| 1 | 作业工作许可手续办理完毕 | | |
| 2 | 作业人员状态良好,已安排到位 | | |
| 3 | 向作业人员交代工作内容、地点、危险点分析及预控措施 | | |
| 4 | 试验仪器及工器具完好、校验合格,材料齐全、数量充足 | | |
| 5 | 作业人员安全防护设备配备齐全 | | |
| 6 | 作业现场文明生产防护已完成 | | |
| 7 | 设置试验警示围栏 | | |

**3. 办理第一种工作票**

值班人员向工作领导人介绍变电所内设备运行情况。供电调度员通知值班人员准许作业,值班人员和工作领导人根据供电调度命令办理相关安全措施手续,开始作业。

**4. 检查相关设备**

检查本变电所 10 kV 供电系统运行情况,并做好记录。

**5. 高压 PT 柜由运行转检修作业**

(1)将 AH5 柜手车摇至"试验"位置。

(2)检查 AH5 柜手车机械指示在"试验"位。

(3)打开 AH5 柜仪表室柜门。

(4)拉开 AH5 柜二次回路电源。

(5)锁好 AH5 柜仪表室柜门。

(6)打开 AH5 柜开关室柜门。

(7)取下 AH5 柜二次回路插头。

(8)检查 AH5 柜二次回路已断开。

(9)将 AH5 柜手车由"试验"位置拉出,放置在运转小车。

(10)检查 AH5 柜柜内隔板已可靠封闭。

(11)关闭开关室柜门。

(12)倒闸作业完成后,清理现场(工完、料净、场地清)。

**6. 高压 PT 柜由检修转运行作业**

(1)检查 AH5 柜后门已关闭。

（2）打开 AH5 柜开关室柜门。

（3）将 AH5 柜手车推入柜内，置"试验"位。

（4）检查手车定位销已到位。

（5）装上 AH5 柜手车二次回路插头。

（6）锁好 AH5 柜开关室柜门。

（7）打开 AH5 柜仪表室柜门。

（8）合上 AH5 柜二次回路电源开关。

（9）锁好 AH5 柜仪表室柜门。

（10）将 AH5 柜手车摇至"工作"位。

（11）检查 AH5 柜手车机械指示在"合"位。

（12）倒闸作业完成后，清理现场（工完、料净、场地清）。

## 1.3.5 拓展训练

1. 编制操作票危险点分析预控措施卡，见表 1-1-12。

表 1-1-12　高压 PT 柜倒闸操作危险点分析预控措施卡

| 10 kV 变电所倒闸操作票　危险点分析预控措施卡 | | | |
|---|---|---|---|
| 操作任务：高压 PT 柜 AH5 及其线路倒闸操作 | | | |
| 序号 | 危险因素 | 控制措施 | 执行√ |
|  |  |  |  |
|  |  |  |  |
|  |  |  |  |
|  |  |  |  |
|  |  |  |  |
|  |  |  |  |
|  |  |  |  |
|  |  |  |  |
|  |  |  |  |
|  |  |  |  |
|  |  |  |  |
| 备注： | | | |
| 操作人：　　　　　监护人：　　　　　值班负责人：　　　　　值班长： | | | |

2. 画出本作业流程图。

3. 编制高压 PT 柜倒闸操作票。

# 1.4 高压出线柜倒闸作业

## 1.4.1 作业设备

高压出线柜 AH4

## 1.4.2 作业工具

(1)绝缘手套
(2)绝缘靴
(3)操作把手,柜门钥匙
(4)各种标示牌
(5)运转小车

## 1.4.3 倒闸操作票

根据现场供电系统主接线图或一次系统模拟图、作业步骤及标准,填写高压出线柜倒闸操作票,见表 1-1-13 和表 1-1-14。

表 1-1-13 高压出线柜由运行转检修操作票

| 10 kV 变电所倒闸操作票 | | | |
|---|---|---|---|
| | | | 作票编号: |
| 操作开始时间: 年 月 日 时 分 | | 结束时间: 年 月 日 时 分 | |
| 操作任务:高压出线柜 AH4 及其线路由运行转检修 | | | |
| 执行√ | 顺序 | 操作项目 | 完成时间 |
| | | | |
| | | | |
| | | | |
| | | | |
| | | | |
| | | | |
| | | | |
| | | | |
| | | | |
| | | | |
| | | | |
| 备注: | | | |
| 操作人: 监护人: | | 值班负责人: 值班长: | |
| 评语: | | | |

表 1-1-14　高压出线柜由检修转运行操作票

| 10 kV 变电所倒闸操作票 | | | |
|---|---|---|---|
| | | | 作票编号: |
| 操作开始时间: 年 月 日 时 分 | | 结束时间: 年 月 日 时 分 | |
| 操作任务:高压出线柜 AH4 及其线路由检修转运行 | | | |
| 执行√ | 顺序 | 操作项目 | 完成时间 |
| | | | |
| | | | |
| | | | |
| | | | |
| | | | |
| | | | |
| | | | |
| | | | |
| | | | |
| | | | |
| 备注: | | | |
| 操作人: 监护人: 值班负责人: 值班长: | | | |
| 评语: | | | |

## 1.4.4　操作步骤

### 1. 安全预想

依据作业内容,工作领导人组织作业相关人员召开安全预想会,指出作业风险源,并制订相应防范措施。

### 2. 作业准备

(1)作业前检查所有仪器仪表,以及其他工器具,确认齐全、工作状态良好。

(2)检查作业基本条件是否满足要求,见表 1-1-15。

表 1-1-15　作业基本条件

| 序号 | 作业基本要求 | 已完成 | 备注 |
|---|---|---|---|
| 1 | 作业工作许可手续办理完毕 | | |
| 2 | 作业人员状态良好,已安排到位 | | |
| 3 | 向作业人员交代工作内容、地点、危险点分析及预控措施 | | |
| 4 | 试验仪器及工器具完好、校验合格,材料齐全、数量充足 | | |
| 5 | 作业人员安全防护设备配备齐全 | | |
| 6 | 作业现场文明生产防护已完成 | | |
| 7 | 设置试验警示围栏 | | |

**3. 办理第一种工作票**

值班人员向工作领导人介绍变电所内设备运行情况。供电调度员通知值班人员准许作业,值班人员和工作领导人根据供电调度命令办理相关安全措施手续,开始作业。

**4. 检查相关设备**

检查本变电所 10 kV 供电系统运行情况,并做好记录。

**5. 高压出线柜由运行转检修作业**

(1)将 AH4 柜断路器遥控开关切至"就地"位。

(2)断开 AH4 柜断路器开关。

(3)检查 AH4 柜断路器电气指示在"分"位。

(4)将 AH4 柜断路器摇至"试验"位置。

(5)检查 AH4 柜断路器机械指示在"试验"位。

(6)合上 AH4 柜接地刀闸。

(7)检查 AH4 柜接地刀闸已合上。

(8)打开 AH4 柜仪表室柜门。

(9)拉开 AH4 柜二次回路电源。

(10)锁好 AH4 柜仪表室柜门。

(11)打开 AH4 柜开关室柜门。

(12)取下 AH4 柜断路器二次回路插头。

(13)检查 AH4 柜断路器二次回路已断开。

(14)将 AH4 柜断路器由"试验"位拉出,放置在运转小车。

(16)检查 AH4 柜柜内隔板已可靠封闭。

(17)倒闸作业完成后,清理现场(工完、料净、场地清)。

**6. 高压出线柜由检修转运行作业**

(1)检查 AH4 柜前后门已关闭。

(2)检查 AH4 柜断路器机械指示在"分"位。

(3)检查并确认 AH4 柜断路器遥控开关置"就地"位。

(4)打开 AH4 柜开关室柜门。

(5)将 AH4 柜断路器推入柜内,置"试验"位。

(6)检查手车定位销已到位。

(7)装上 AH4 柜断路器二次控制回路插头。

(8)锁好 AH4 柜开关室柜门。

(9)打开 AH4 柜仪表室柜门。

(10)合上 AH4 柜二次回路电源开关。

(11)锁好 AH4 柜仪表室柜门。

(12)拉开 AH4 柜接地刀闸。

(13)检查 AH4 柜接地刀闸已拉开。

(14)将 AH4 柜断路器摇至"工作"位。

(15)检查 AH4 柜手车机械指示在"合"位。

(16)合上 AH4 柜断路器合闸开关。

(17)检查 AH4 柜断路器电气指示在"合"位。

(18)将 AH4 柜断路器遥控开关切至"远方"位。

(19)倒闸作业完成后,清理现场(工完、料净、场地清)。

### 1.4.5 拓展训练

1. 编制操作票危险点分析预控措施卡,见表 1-1-16。

表 1-1-16  高压出线柜倒闸操作危险点分析预控措施卡

| 10 kV 变电所倒闸操作票  危险点分析预控措施卡 | | | |
|---|---|---|---|
| 操作任务:高压出线柜 AH4 及其线路倒闸操作 | | | |
| 序号 | 危险因素 | 控制措施 | 执行√ |
| | | | |
| | | | |
| | | | |
| | | | |
| | | | |
| | | | |
| | | | |
| | | | |
| | | | |
| | | | |
| | | | |
| 备注: | | | |
| 操作人:          监护人:          值班负责人:          值班长: | | | |

2. 画出本作业流程图。

3. 编制高压出线柜倒闸操作票。

## 项目考核单

| 作业项目 | | 高压开关柜倒闸作业 | | | |
|---|---|---|---|---|---|
| 序号 | 考核项 | 得分条件 | 评分标准 | 配分 | 扣分 |
| 1 | 作业准备 | □1. 准备运转小车。<br>□2. 操作把手。<br>□3. 柜门钥匙。<br>□4. 各种标示牌 | 未完成 1 项扣 2 分,扣分不得超过 8 分 | 8 | |
| 2 | 安全措施 | □1. 作业前,对设备运行情况及外观进行检查。<br>□2. 核对设备主接线图。<br>□3. 设置合适的围栏并悬挂标示牌。<br>□4. 操作人员穿绝缘鞋、戴安全帽、绝缘手套,工作服穿戴整齐 | 未完成 1 项扣 2 分,扣分不得超过 8 分 | 8 | |

| 作业项目 | | 高压开关柜倒闸作业 | | | |
|---|---|---|---|---|---|
| 序号 | 考核项 | 得分条件 | 评分标准 | 配分 | 扣分 |
| 3 | 受令审令 | □1. 受令时双方互报姓名。<br>□2. 受令全过程应使用普通话。<br>□3. 受令时边听边核对调度预令。<br>□4. 接令后,受令人应按照记录全部内容进行复诵。<br>□5. 受令后,受令人应及时召集全部值班人员通报受令情况。<br>□6. 通报后,根据设备实际运行状态共同审核指令的正确性(发现疑问向发令人汇报,提出质疑事项)。<br>□7. 值班负责人指定监护人和操作人,并布置任务。<br>□8. 将命令记录在记录本上。<br>□9. 核对受令时间 | 未完成1项扣2分,扣分不得超过18分 | 18 | |
| 4 | 填票审票 | □1. 根据设备实际运行状态和相关指令填写操作票。<br>□2. 填写操作票。<br>□3. 按顺序(先监护人审票,后值班负责人)审票,审票时(可根据试打印的操作票)应对照系统主接线图。经审核后正式打印操作票。<br>□4. 操作任务栏应填写双重名称(即设备名称及设备编号)。<br>□5. 操作任务应明确。<br>□6. 操作项目填写正确。<br>□7. 操作项目顺序不准颠倒 | 未完成1项扣2分,扣分不得超过14分 | 14 | |
| 5 | 执行操作 | □1. 操作前是否核对设备位置,编号名称。<br>□2. 监护人所站位置能监视操作人在整个操作过程中的动作及被操作设备操作过程中的变化。<br>□3. 监护人是否下达执行命令。<br>□4. 监护人是否填写开始时间,完成时间。<br>□5. 操作过程是否正确使用安全用具。<br>□6. 操作项目有无遗漏。<br>□7. 操作中有无呼唤应答,比手势。<br>□8. 每项操作完毕是否打"√"记号。<br>□9. 是否发现错误,并正确处理 | 未完成1项扣3分,扣分不得超过27分 | 27 | |
| 6 | 检查设备 | □操作完成是否全面检查设备 | 未完成扣分2分 | 2 | |
| 7 | 操作后汇报 | □1. 装拆接地线是否有记录。<br>□2. 操作完毕后是否盖"已执行"章。<br>□3. 操作完后是否向发令人报告 | 未完成1项扣3分,扣分不得超过9分 | 9 | |
| 8 | 操作现场恢复 | □1. 将试验设备及部件整理恢复原状。<br>□2. 清理场地(工完、料净、场地清) | 未完成1项扣2分,扣分不得超过4分 | 4 | |
| 9 | 资料信息查询 | □1. 能在规定时间内查询所需资料。<br>□2. 能正确查询倒闸方法依据标准。<br>□3. 能正确记录所需设备编号。<br>□4. 能正确记录作业过程存在的问题 | 未完成1项扣2.5分,扣分不得超过10分 | 10 | |
| 合计 | | | | 100 | |

项目 2
# 低压开关柜倒闸作业

## 项目任务单

| 作业项目 | | 项目 2　低压开关柜倒闸作业 | | | | |
|---|---|---|---|---|---|---|
| 序号 | 明细 | 作业内容、标准及图例 | | | | |
| 1 | 适用范围 | 适用于 10 kV 变配电系统运行维护 | | | | |
| 2 | 编制依据 | (1)《电力设备预防性试验规程》。<br>(2)《国家电网公司电力安全工作规程》。<br>(3)《电力安全工作规程》。<br>(4)《铁路电力管理规则》和《铁路电力安全工作规程》 | | | | |
| 3 | 作业流程 | 作业前准备 → 填写倒闸操作票、召开预想会、开工会、制订安全措施 → 根据倒闸操作票，对设备进行停送电作业<br><br>填写记录 ← 作业结束，办理收工手续，保存操作票 ← 作业完毕，确认设备可以投入运行 | | | | |
| 4 | 作业项目及内容 | 作业项目 | | 作业内容 | | |
| | | 2.1　低压主进柜倒闸作业 | | (1)低压主进柜由运行转检修作业。<br>(2)低压主进柜由检修转运行作业 | | |
| | | 2.2　低压电容柜倒闸作业 | | (1)低压电容柜由运行转检修作业。<br>(2)低压电容柜由检修转运行作业 | | |
| | | 2.3　低压出线柜倒闸作业 | | (1)低压出线柜由运行转检修作业。<br>(2)低压出线柜由检修转运行作业 | | |
| 5 | 准备工作 | 人员准备 | 分工 | 人数 | 要求 | 职责 |
| | | | 作业人员 | 1人 | 1. 必须经过技术安全考试合格。<br>2. 取得岗位培训合格证书。<br>3. 取得《特种作业操作证—电工作业》证书 | 负责倒闸操作 |

| 5 | 准备工作 | 人员准备 | 分工 | 人数 | 要求 | 职责 |
|---|---|---|---|---|---|---|
| | | | 安全监护人员 | 1人 | 1. 必须经过技术安全考试合格。<br>2. 取得岗位培训合格证书。<br>3. 取得《特种作业操作证—电工作业》证书 | 监控现场作业安全 |

| | | 工具准备 | 名称 | 规格 | 单位 | 数量 |
|---|---|---|---|---|---|---|
| | | | 绝缘手套 | 高压 | 双 | 1 |
| | | | 绝缘拉杆 | — | — | — |
| | | | 绝缘靴 | 根据需要 | 双 | 若干 |
| | | | 操作把手 | 根据需要 | 个 | 若干 |
| | | | 各种标示牌 | 根据需要 | 套 | 若干 |
| | | | 安全、防护、个人工具及其他工具根据具体作业内容携带 | | | |

| 6 | 作业步骤及标准 | 1. 倒闸前准备<br>(1)根据工作票或调度命令,由操作人填写倒闸操作票,工长或监护人审核,审核完毕签字后方可执行。<br>(2)每张倒闸操作票只准许填写一个操作任务,操作票应填写设备的双重名称,即设备名称和编号。<br>(3)操作票应用黑色或蓝色钢笔、圆珠笔填写或打印机打印,票面应清楚整洁,不得涂改。<br>2. 填写倒闸操作票<br>(1)倒闸操作票应填写内容<br>①拉合设备[断路器(开关)、隔离开关(刀闸)、跌落式熔断器、接地刀闸等],验电,装拆接地线,合上(安装)或断开(拆除)控制回路或电压互感器回路的空气开关、熔断器,切换保护回路和自动化装置,切换断路器(开关)、隔离开关(刀闸)控制方式,检验是否确无电压等。<br>②拉合设备[断路器(开关)、隔离开关(刀闸)、跌落式熔断器、接地刀闸]后检查设备的位置。<br>③停、送电操作,在拉合隔离开关(刀闸)或拉出、推入手车开关前,检查断路器(开关)确在分闸位置。<br>④在倒负荷或解、并列操作前后,检查相关电源运行及负荷分配情况。<br>⑤设备检修后合闸送电前,检查送电范围内接地刀闸已拉开,接地线已拆除。<br>⑥根据设备指示情况确定的间接验电和间接方法判断设备位置的检查项。<br>(2)可不填写倒闸操作票的工作<br>①事故处理的操作。操作后记入工作日志并及时上报。<br>②拉、合线路开关或变压器一、二次开关的单一操作,可根据工作票或口头命令进行。<br>③同一台开关柜内开关的单一拉、合操作。操作可根据工作票或调度命令进行,操作后记入工作日志,并报告发令人。<br>3. 倒闸操作<br>(1)应由二人进行,一人监护、一人操作。远动倒闸作业由值班调度员完成操作。<br>(2)操作人员应戴绝缘手套,操作前应对绝缘手套进行质量检查。<br>(3)停电操作应按照先分断路器后拉隔离开关。先拉负荷侧隔离开关,后拉电源侧隔离开关顺序进行。送电操作顺序与此相反,严禁带负荷操作隔离开关。<br>(4)倒闸作业前,应按倒闸操作票记录的倒闸顺序与模拟图核对确认相符并无误后方能执行。<br>(5)倒闸操作中,应注意防止通过电压互感器二次侧、不间断电源装置和变电所内变压器二次侧返回电源至高压侧。<br>(6)变压器两侧(或三侧)断路器的操作顺序如下:停电时,先停负荷侧断路器,后停电源侧断路器。送电时顺序与此相反。<br>(7)装设和取下所内变压器二次总熔断器时,应先断开所内变压器高压电源(所用变二次装空气开关除外)。<br>(8)倒闸操作按倒闸操作票顺序逐项进行,操作过程中应呼唤应答,监护人口述命令,操作人复诵并确认操作对象。操作人操作完成后,口述操作结果,监护人复诵操作结果,每完成一项做一记号"√"。全部操作完毕后进行复查,并报告发令人。 |
|---|---|---|

| | | | |
|---|---|---|---|
| 6 | 作业步骤及标准 | 4. 倒闸操作票的保存<br>（1）同一变、配电所的倒闸操作票应事先连续编号，计算机生成的倒闸操作票应在正式出票前连续编号，倒闸操作票按编号顺序使用。<br>（2）作废的倒闸操作票，应注明"作废"字样，未执行的应注明"未执行"字样，已操作的应注明"已执行"字样。<br>（3）倒闸操作票应保存一年或随工作票保存一个检修周期。<br>5. 收工总结<br>召开班后会，填写相关记录 | |
| 7 | 主要风险点及控制措施 | 风险点 | 卡控措施 |
| | | 触电伤害 | 1. 严格佩戴各种安全防护用品，操作人员应戴绝缘手套，穿绝缘鞋站在绝缘垫上进行。<br>2. 与带电体保持足够的安全距离 |
| | | 误操作设备 | 倒闸操作按倒闸操作票顺序逐项进行，操作过程中应呼唤应答，监护人口述命令，操作人复诵并确认操作对象。操作完成后，口述操作结果，监护人复诵操作结果，每完成一项做一记号"√"。全部操作完毕后进行复查，并报告发令人 |
| 8 | 应急处置 | 关键问题 | 处置方法 |
| | | 触电伤害 | 作业人员发生触电时，现场人员应迅速切断电源或使用绝缘工具、干燥的木棒、木板、绳索等不导电的东西解脱触电者，在没有切断电源前，不得盲目施救。触电者脱离电源后，立即就地坚持正确抢救，并设法联系医疗部门接替救治 |
| | | 误操作设备 | 1. 发生误操作时，错合、错分隔离开关后，不得再打开或闭合。<br>2. 带负荷操作高压开关。发生带负荷操作高压开关时，当开关触头处未完全断开时，应立即将开关合上；如已经断开，则不允许再闭合 |
| 9 | 记录填写 | 1. 变配电所运行日志。<br>2. 工作日志 | |

# 2.1 低压主进柜倒闸作业

## 2.1.1 作业设备

低压主进柜 AN1

## 2.1.2 作业工具

（1）绝缘手套<br>
（2）绝缘靴<br>
（3）操作把手，柜门钥匙<br>
（4）各种标示牌

## 2.1.3 倒闸操作票

根据现场供电系统主接线图或一次系统模拟图、作业步骤及标准，填写低压主进柜倒闸操作票，见表1-2-1和表1-2-2。

表 1-2-1　低压主进柜由运行转检修操作票

| 10 kV 变电所倒闸操作票 | | | |
|---|---|---|---|
| | | | 作票编号： |
| 操作开始时间：年 月 日 时 分　　结束时间：年 月 日 时 分 | | | |
| 操作任务:低压主进柜 AN1 及其线路由运行转检修 | | | |
| 执行√ | 顺序 | 操作项目 | 完成时间 |
| | | | |
| | | | |
| | | | |
| | | | |
| | | | |
| | | | |
| | | | |
| | | | |
| | | | |
| | | | |
| 备注： | | | |
| 操作人：　　　　监护人：　　　　值班负责人：　　　　值班长： | | | |

评语：_____

表 1-2-2　低压主进柜由检修转运行操作票

| 10 kV 变电所倒闸操作票 | | | |
|---|---|---|---|
| | | | 作票编号： |
| 操作开始时间：年 月 日 时 分　　结束时间：年 月 日 时 分 | | | |
| 操作任务:低压主进柜 AN1 及其线路由检修转运行 | | | |
| 执行√ | 顺序 | 操作项目 | 完成时间 |
| | | | |
| | | | |
| | | | |
| | | | |
| | | | |
| | | | |
| | | | |
| | | | |
| | | | |
| | | | |
| | | | |
| 备注： | | | |
| 操作人：　　　　监护人：　　　　值班负责人：　　　　值班长： | | | |

评语：_____

## 2.1.4　操作步骤

**1. 安全预想**

依据作业内容,工作领导人组织作业相关人员召开安全预想会,指出作业风险源,并制订相应防范措施。

**2. 作业准备**

(1)作业前检查所有仪器仪表,以及其他工器具,确认齐全、工作状态良好。

(2)检查作业基本条件是否满足要求,见表 1-2-3。

表 1-2-3　作业基本条件

| 序号 | 作业基本要求 | 已完成 | 备注 |
|---|---|---|---|
| 1 | 作业工作许可手续办理完毕 | | |
| 2 | 作业人员状态良好,已安排到位 | | |
| 3 | 向作业人员交代工作内容、地点、危险点分析及预控措施 | | |
| 4 | 试验仪器及工器具完好、校验合格、材料齐全、数量充足 | | |
| 5 | 作业人员安全防护设备配备齐全 | | |
| 6 | 作业现场文明生产防护已完成 | | |
| 7 | 设置试验警示围栏 | | |

**3. 办理第二种工作票**

值班人员向工作领导人介绍变电所内设备运行情况。供电调度员通知值班人员准许作业,值班人员和工作领导人根据供电调度命令办理相关安全措施手续,开始作业。

**4. 检查相关设备**

检查本变电所 10 kV 供电系统运行情况,并做好记录。

**5. 低压主进柜由运行转检修作业**

(1)断开 AN1 柜断路器。

(2)检查 AN1 柜断路器电气指示在"分"位。

(3)将 AN1 柜断路器摇至"分离"位。

(4)检查 AN1 柜断路器机械指示在"分离"位。

(5)打开 AN1 柜仪表室柜门。

(6)取出 AN1 柜二次回路熔断器。

(7)关闭 AN1 柜仪表室柜门。

(8)倒闸作业完成后,清理现场(工完、料净、场地清)。

**6. 低压主进柜由检修转运行作业**

(1)检查 AN1 柜前后门已关闭。

(2)检查 AN1 柜断路器在"分离"位。

(3)打开 AN1 柜仪表室柜门。

(4)安装 AN1 柜二次回路熔断器。

(5)关闭 AN1 柜仪表室柜门。

(6)将 AN1 柜断路器摇至"工作"位。

(7)检查 AN1 柜断路器机械指示在"工作"位。

(8)给 AN1 柜断路器储能。

(9)合上 AN1 柜断路器。

(10)检查 AN1 柜断路器电气指示在"合"位。

(11)倒闸作业完成后,清理现场(工完、料净、场地清)。

### 2.1.5 拓展训练

1. 编制操作票危险点分析预控措施卡,见表 1-2-4。

表 1-2-4 低压主进柜倒闸操作危险点分析预控措施卡

| 10 kV 变电所倒闸操作票 危险点分析预控措施卡 | | | |
|---|---|---|---|
| 操作任务:低压主进柜 AN1 及其线路倒闸操作 | | | |
| 序号 | 危险因素 | 控制措施 | 执行√ |
| | | | |
| | | | |
| | | | |
| | | | |
| | | | |
| | | | |
| | | | |
| | | | |
| | | | |
| | | | |
| | | | |
| 备注: | | | |
| 操作人: 监护人: 值班负责人: 值班长: | | | |

2. 画出本作业流程图。

3. 编制低压主进柜倒闸操作票。

## 2.2 低压电容柜倒闸作业

### 2.2.1 作业设备

低压电容柜 AN2

### 2.2.2 作业工具

(1)绝缘手套

(2)绝缘靴

（3）操作把手，柜门钥匙

（4）各种标示牌

## 2.2.3　倒闸操作票

根据现场供电系统主接线图或一次系统模拟图、作业步骤及标准，填写低压电容柜倒闸操作票，见表 1-2-5 和表 1-2-6。

表 1-2-5　低压电容柜由运行转检修操作票

| 10 kV 变电所倒闸操作票 | | | |
|---|---|---|---|
| | | | 作票编号： |
| 操作开始时间：年　月　日　时　分 | | 结束时间：年　月　日　时　分 | |
| 操作任务：低压电容柜 AN2 及其线路由运行转检修 | | | |
| 执行√ | 顺序 | 操作项目 | 完成时间 |
| | | | |
| | | | |
| | | | |
| | | | |
| | | | |
| | | | |
| | | | |
| | | | |
| | | | |
| | | | |
| | | | |
| 备注： | | | |
| 操作人：　　　　监护人：　　　　值班负责人：　　　　值班长： | | | |
| 评语：_____ | | | |

表 1-2-6　低压电容柜由检修转运行操作票

| 10 kV 变电所倒闸操作票 | | | |
|---|---|---|---|
| | | | 作票编号： |
| 操作开始时间：年　月　日　时　分 | | 结束时间：年　月　日　时　分 | |
| 操作任务：低压电容柜 AN2 及其线路由检修转运行 | | | |
| 执行√ | 顺序 | 操作项目 | 完成时间 |
| | | | |
| | | | |
| | | | |
| | | | |

| 执行√ | 顺序 | 操作项目 | 完成时间 |
|---|---|---|---|
| | | | |
| | | | |
| | | | |
| | | | |
| | | | |
| | | | |

备注:

操作人: 　　　　　监护人: 　　　　　值班负责人: 　　　　　值班长:

评语: _____

## 2.2.4 操作步骤

**1. 安全预想**

依据作业内容,工作领导人组织作业相关人员召开安全预想会,指出作业风险源,并制订相应防范措施。

**2. 作业准备**

(1)作业前检查所有仪器仪表,以及其他工器具,确认齐全、工作状态良好。

(2)检查作业基本条件是否满足要求,见表1-2-7。

表 1-2-7　作业基本条件

| 序号 | 作业基本要求 | 已完成 | 备注 |
|---|---|---|---|
| 1 | 作业工作许可手续办理完毕 | | |
| 2 | 作业人员状态良好,已安排到位 | | |
| 3 | 向作业人员交代工作、内容、地点、危险点分析及预控措施 | | |
| 4 | 试验仪器及工器具完好、校验合格,材料齐全、数量充足 | | |
| 5 | 作业人员安全防护设备配备齐全 | | |
| 6 | 作业现场文明生产防护已完成 | | |
| 7 | 设置试验警示围栏 | | |

**3. 办理第二种工作票**

值班人员向工作领导人介绍变电所内设备运行情况。供电调度员通知值班人员准许作业,值班人员和工作领导人根据供电调度命令办理相关安全措施手续,开始作业。

**4. 检查相关设备**

检查本变电所10 kV供电系统运行情况,并做好记录。

**5. 低压电容柜由运行转检修作业**

(1)退出AN2柜电容补偿。

(2)打开AN2柜开关室柜门。

（3）断开 AN2 柜各组电容开关。

（4）关闭 AN2 柜开关柜室柜门。

（5）断开 AN2 柜隔离开关。

（6）倒闸作业完成后,清理现场(工完、料净、场地清)。

**6. 低压电容柜由检修转运行作业**

（1）检查 AN2 柜后门已关闭。

（2）合上 AN2 柜隔离开关。

（3）打开 AN2 柜开关室柜门。

（4）合上 AN2 柜各组电容开关。

（5）关闭 AN2 柜开关室柜门。

（6）选择 AN2 柜电容投切方式,为"手动"模式。

（7）投入 AN2 柜电容。

（8）倒闸作业完成,清理现场(工完、料净、场地清)。

## 2.2.5　拓展训练

1. 编制操作票危险点分析预控措施卡,见表 1-2-8。

表 1-2-8　低压电容柜倒闸操作危险点分析预控措施卡

| 10 kV 变电所倒闸操作票　危险点分析预控措施卡 | | | |
|---|---|---|---|
| 操作任务:低压电容柜 AN2 及其线路倒闸操作 | | | |
| 序号 | 危险因素 | 控制措施 | 执行√ |
| | | | |
| | | | |
| | | | |
| | | | |
| | | | |
| | | | |
| | | | |
| | | | |
| | | | |
| | | | |
| | | | |
| 备注: | | | |
| 操作人:　　　　监护人:　　　　值班负责人:　　　　值班长: | | | |

2. 画出本作业流程图。

3. 编制低压电容柜倒闸操作票。

# 2.3 低压出线柜倒闸作业

## 2.3.1 作业设备

低压出线柜 AN3

## 2.3.2 作业工具

(1)绝缘手套

(2)绝缘靴

(3)操作把手,柜门钥匙

(4)各种标示牌

## 2.3.3 倒闸操作票

根据现场供电系统主接线图或一次系统模拟图、作业步骤及标准,填写低压出线柜倒闸操作票,见表 1-2-9 和表 1-2-10。

表 1-2-9 低压出线柜由运行转检修操作票

| 10 kV 变电所倒闸操作票 | | | |
|---|---|---|---|
| | | 作票编号: | |
| 操作开始时间: 年 月 日 时 分 | | 结束时间: 年 月 日 时 分 | |
| 操作任务:低压出线柜 AN3 及其线路由运行转检修 | | | |
| 执行√ | 顺序 | 操作项目 | 完成时间 |
| | | | |
| | | | |
| | | | |
| | | | |
| | | | |
| | | | |
| | | | |
| | | | |
| | | | |
| | | | |
| | | | |
| | | | |
| 备注: | | | |
| 操作人: 监护人: 值班负责人: 值班长: | | | |
| 评语: | | | |

表 1-2-10 低压出线柜由检修转运行操作票

| 10 kV 变电所倒闸操作票 | | | |
|---|---|---|---|
| | | | 作票编号： |
| 操作开始时间：年 月 日 时 分 | | 结束时间：年 月 日 时 分 | |
| 操作任务：低压出线柜 AN3 及其线路由检修转运行 | | | |
| 执行√ | 顺序 | 操作项目 | 完成时间 |
| | | | |
| | | | |
| | | | |
| | | | |
| | | | |
| | | | |
| | | | |
| | | | |
| | | | |
| | | | |
| | | | |
| | | | |
| 备注： | | | |
| 操作人： 监护人： 值班负责人： 值班长： | | | |
| 评语：_____ | | | |

## 2.3.4 操作步骤

**1. 安全预想**

依据作业内容，工作领导人组织作业相关人员召开安全预想会，指出作业风险源，并制订相应防范措施。

**2. 作业准备**

(1)作业前检查所有仪器仪表，以及其他工器具，确认齐全、工作状态良好。

(2)检查作业基本条件是否满足要求，见表 1-2-11。

表 1-2-11 作业基本条件

| 序号 | 作业基本要求 | 已完成 | 备注 |
|---|---|---|---|
| 1 | 作业工作许可手续办理完毕 | | |
| 2 | 作业人员状态良好，已安排到位 | | |
| 3 | 向作业人员交代工作内容、地点、危险点分析及预控措施 | | |
| 4 | 试验仪器及工器具完好、校验合格，材料齐全、数量充足 | | |
| 5 | 作业人员安全防护设备配备齐全 | | |
| 6 | 作业现场文明生产防护已完成 | | |
| 7 | 设置试验警示围栏 | | |

**3. 办理第一种工作票**

值班人员向工作领导人介绍变电所内设备运行情况。供电调度员通知值班人员准许作业，值班人员和工作领导人根据供电调度命令办理相关安全措施手续，开始作业。

**4. 检查相关设备**

检查本变电所 10 kV 供电系统运行情况，并做好记录。

**5. 低压出线柜由运行转检修作业**

(1)断开 AN3 柜 1 号回路断路器。

(2)将 AN3 柜 1 号回路断路器拉到"分离"位。

(3)检查 AN3 柜 1 号回路断路器在"分离"位。

(4)断开 AN3 柜 2 号回路断路器。

(5)将 AN3 柜 2 号回路断路器拉到"分离"位。

(6)检查 AN3 柜 2 号回路断路器在"分离"位。

(7)断开 AN3 柜 3 号回路断路器。

(8)将 AN3 柜 3 号回路断路器拉到"分离"位。

(9)检查 AN3 柜 3 号回路断路器在"分离"位。

(10)断开 AN3 柜 4 号回路断路器。

(11)将 AN3 柜 4 号回路断路器拉到"分离"位。

(12)检查 AN3 柜 4 号回路断路器在"分离"位。

(13)断开 AN3 柜 5 号回路断路器。

(14)将 AN3 柜 5 号回路断路器拉到"分离"位。

(15)检查 AN3 柜 5 号回路断路器在"分离"位。

(16)倒闸作业完成后，清理现场(工完、料净、场地清)。

**6. 低压出线柜由检修转运行作业**

(1)检查 AN3 柜后门已关闭。

(2)检查 AN3 柜 1 号回路断路器在"分离"位。

(3)将 AN3 柜 1 号回路断路器推至"工作"位。

(4)检查 AN3 柜 1 号回路断路器在"工作"位。

(5)检查 AN3 柜 2 号回路断路器在"分离"位。

(6)将 AN3 柜 2 号回路断路器推至"工作"位。

(7)检查 AN3 柜 2 号回路断路器在"工作"位。

(8)检查 AN3 柜 3 号回路断路器在"分离"位。

(9)将 AN3 柜 3 号回路断路器推至"工作"位。

(10)检查 AN3 柜 3 号回路断路器在"工作"位。

(11)检查 AN3 柜 4 号回路断路器在"分离"位。

(12)将 AN3 柜 4 号回路断路器推至"工作"位。

(13)检查 AN3 柜 4 号回路断路器在"工作"位。

(14)检查 AN3 柜 5 号回路断路器在"分离"位。

(15)将 AN3 柜 5 号回路断路器推至"工作"位。

(16)检查 AN3 柜 5 号回路断路器在"工作"位。

(17)合上 AN3 柜 1 号回路断路器。

(18)合上 AN3 柜 2 号回路断路器。

(19)合上 AN3 柜 3 号回路断路器。

(20)合上 AN3 柜 4 号回路断路器。

(21)合上 AN3 柜 5 号回路断路器。

(22)倒闸作业完成后,清理现场(工完、料净、场地清)。

## 2.3.5 拓展训练

1. 编制操作票危险点分析预控措施卡,见表 1-2-12。

表 1-2-12 低压出线柜倒闸操作危险点分析预控措施卡

| 10 kV 变电所倒闸操作票 危险点分析预控措施卡 | | | |
|---|---|---|---|
| 操作任务:低压出线柜 AN3 及其线路倒闸操作 | | | |
| 序号 | 危险因素 | 控制措施 | 执行√ |
| | | | |
| | | | |
| | | | |
| | | | |
| | | | |
| | | | |
| | | | |
| | | | |
| | | | |
| | | | |
| | | | |
| | | | |
| 备注: | | | |
| 操作人: 监护人: 值班负责人: 值班长: | | | |

2. 画出本作业流程图。

3. 编制低压出线柜倒闸操作票。

## 项目考核单

| 作业项目 | | 高压开关柜倒闸作业 | | | |
|---|---|---|---|---|---|
| 序号 | 考核项 | 得分条件 | 评分标准 | 配分 | 扣分 |
| 1 | 作业准备 | □1. 准备运转小车。<br>□2. 操作把手。<br>□3. 柜门钥匙。<br>□4. 各种标示牌 | 未完成 1 项扣 2 分,扣分不得超过 8 分 | 8 | |

| 作业项目 | | 高压开关柜倒闸作业 | | | |
|---|---|---|---|---|---|
| 序号 | 考核项 | 得分条件 | 评分标准 | 配分 | 扣分 |
| 2 | 安全措施 | □1. 作业前,对设备运行情况及外观进行检查。<br>□2. 核对设备主接线图。<br>□3. 设置合适的围栏并悬挂标示牌。<br>□4. 操作人员穿绝缘鞋、戴安全帽、绝缘手套,工作服穿整齐 | 未完成1项扣2分,扣分不得超过8分 | 8 | |
| 3 | 受令审令 | □1. 受令时双方互报姓名。<br>□2. 受令全过程应使用普通话。<br>□3. 受令时边听边核对调度预令。<br>□4. 接令后,受令人应按照记录全部内容进行复诵。<br>□5. 受令后,受令人应及时召集全部值班人员通报受令情况。<br>□6. 通报后,根据设备实际运行状态共同审核指令的正确性(发现疑问向发令人汇报,提出质疑事项)。<br>□7. 值班负责人指定监护人和操作人,并布置任务。<br>□8. 将命令记录在记录本上。<br>□9. 核对受令时间 | 未完成1项扣2分,扣分不得超过18分 | 18 | |
| 4 | 填票审票 | □1. 根据设备实际运行状态和相关指令填写操作票。<br>□2. 填写操作票。<br>□3. 按顺序(先监护人审票,后值班负责人)审票,审票时(可根据试打印的操作票)应对照系统主接线图。经审核后正式打印操作票。<br>□4. 操作任务栏应填写双重名称(即设备名称及设备编号)。<br>□5. 操作任务应明确。<br>□6. 操作项目填写正确。<br>□7. 操作项目顺序不准颠倒 | 未完成1项扣2分,扣分不得超过14分 | 14 | |
| 5 | 执行操作 | □1. 操作前是否核对设备位置,编号名称。<br>□2. 监护人所站位置能监视操作人在整个操作过程中的动作及被操作设备操作过程中的变化。<br>□3. 监护人是否下达执行命令。<br>□4. 监护人是否填写开始时间、完成时间。<br>□5. 操作过程是否正确使用安全用具。<br>□6. 操作项目有无遗漏。<br>□7. 操作中有无呼唤应答,比手势。<br>□8. 每项操作完毕是否打"√"记号。<br>□9. 是否发现错误,并正确处理 | 未完成1项扣3分,扣分不得超过27分 | 27 | |
| 6 | 检查设备 | □操作完成是否全面检查设备 | 未完成扣2分 | 2 | |
| 7 | 操作后汇报 | □1. 装拆接地线是否有记录。<br>□2. 操作完毕后是否盖"已执行"章。<br>□3. 操作完后是否向发令人报告 | 未完成1项扣3分,扣分不得超过9分 | 9 | |
| 8 | 操作现场恢复 | □1. 将试验设备及部件整理恢复原状。<br>□2. 清理场地(工完、料净、场地清) | 未完成1项扣2分,扣分不得超过4分 | 4 | |
| 9 | 资料信息查询 | □1. 能在规定时间内查询所需资料。<br>□2. 能正确查询倒闸方法依据标准。<br>□3. 能正确记录所需设备编号。<br>□4. 能正确记录作业过程中存在的问题 | 未完成1项扣2.5分,扣分不得超过10分 | 10 | |
| 合计 | | | | 100 | |

# 模块二

# 变配电设备预防试验

　　根据电气行业统计数据，电气设备的各类故障多是由于设备的绝缘损坏导致的。预防性试验是保证设备安全运行的重要措施，通过试验掌握设备绝缘情况，及时发现绝缘内部隐藏的缺陷，并通过检修加以消除，以免设备在运行中发生绝缘击穿造成停电或设备损坏等不可挽回的损失。电力生产的实践证明，对电气设备按规程规定开展试验工作，是防患于未然，保证电力系统安全稳定运行的重要措施之一。

　　电气设备预防性试验主要内容包括：对变压器、开关电器、避雷器、互感器等电气设备进行绝缘电阻测试、直流电阻测试，以及耐压试验等。

项目任务单

| 作业项目 | | 项目 1　变压器预防试验 | | | |
|---|---|---|---|---|---|
| 序号 | 明细 | 作业内容、标准及图例 | | | |
| 1 | 适用范围 | 适用于 35 kV 及以下充油及干式变压器试验作业 | | | |
| 2 | 编制依据 | (1)《电气装置安装工程电气设备交接试验标准》。<br>(2)《电力设备预防性试验规程》。<br>(3)《水电站电气设备预防性试验规程》。<br>(4)《电力设备预防性试验规程》。<br>(5)变压器产品说明书 | | | |
| 3 | 作业流程 | 作业前准备 → 召开预想会、开工会、制订安全措施 → 对设备进行试验，处理发现的缺陷<br><br>填写记录 ← 作业结束，办理收工手续 ← 试验完毕，确认设备可以投入运行 | | | |

| 4 | 试验项目及内容 | 试验项目 | 试验内容 | | |
|---|---|---|---|---|---|
| | | 1.1　变压器绕组的绝缘电阻测试 | (1)低压对高压及地的绝缘电阻测试。<br>(2)高压对低压及地的绝缘电阻测试 | | |
| | | 1.2　变压器绕组的直流电阻测试 | (1)高压侧直流电阻测试。<br>(2)低压侧直流电阻测试 | | |
| | | 1.3　变压器绕组的泄漏电流测试 | (1)低压对高压及地的泄漏电流测试。<br>(2)高压对低压及地的泄漏电流测试 | | |
| | | 1.4　变压器交流耐压试验 | (1)高压对低压及地交流耐压试验。<br>(2)低压对高压及地交流耐压试验 | | |

| 5 | 准备工作 | 人员准备 | 分工 | 人数 | 要求 | 职责 |
|---|---|---|---|---|---|---|
| | | | 作业人员 | 3 人 | 安全等级二级及以上 | 试验作业 |
| | | | 安全监护人员 | 1 人 | 安全等级三级及以上 | 监控现场作业安全 |
| | | | 验收人员 | 1 人 | 安全等级三级及以上 | 对试验情况进行监督和验收 |

续表

| 5 | 准备工作 | 工具准备 | 名称 | 规格 | 单位 | 数量 |
|---|---|---|---|---|---|---|
| | | | 温湿度仪 | 误差±1 ℃ | 个 | 1 |
| | | | 兆欧表 | 2 500～5 000 V | 块 | 1 |
| | | | 绝缘电阻测试仪 | DMG2673 | 套 | 1 |
| | | | 绝缘电阻测试仪 | MODEL 3132A | 套 | 1 |
| | | | 直流电阻测试仪 | 0.5 级 | 套 | 1 |
| | | | 现场测试专用控制箱 | KZX05-HⅡ | 套 | 1 |
| | | | 试验变压器 | 0～50 kV | 套 | 1 |
| | | | 交直流分压器 | FRC-100 kV | 套 | 1 |
| | | | 直流高压发生器 | ZGF-120 kV/2 mA | 套 | 1 |
| | | | 微安表 | 根据需要 | 块 | 1 |
| | | | 电压表、电流表 | 根据需要 | 块 | 若干 |
| | | | 万用表 | 根据需要 | 块 | 若干 |
| | | | 电源线和试验接线、电缆盘 | 根据需要 | 套 | 若干 |
| | | | 安全、防护、个人工具及其他工具根据具体作业内容携带 | | | |
| | | 材料准备 | 名称 | 规格 | 单位 | 数量 |
| | | | 试验连线 | — | 根 | 若干 |
| | | | 白布带 | — | 卷 | 2 |
| | | | 根据具体作业内容携带相应材料 | | | |

| 6 | 主要风险点及控制措施 | 风险点 | 控制措施 |
|---|---|---|---|
| | | 触电伤害 | (1)试验人员与带电设备保持足够安全距离。<br>(2)试验设备周围设隔离围栏,防止其他无关人员误闯入作业区。<br>(3)试验区域设有专人监护,一旦发现异常应立刻断开电源停止试验,查明原因并排除后方可继续试验。<br>(4)试验仪器外壳可靠接地。<br>(5)试验后应对设备充分放电 |
| | | 高处坠落 | (1)登高作业,应系好安全带;安全带要系在牢固的构件上。<br>(2)作业人员戴好安全帽并系好帽绳,防止上端掉落材料、工器具,砸伤下方工作人员 |

| 7 | 应急处置 | 关键问题 | 处置方法 |
|---|---|---|---|
| | | 当试验过程中发现被试变压器有影响运行的问题,导致变压器不能正常投运 | 向供电调度员请示将该变压器退出运行 |
| | | 试验作业中互为备用的运行变压器发生故障 | 立即恢复被试验变压器,投入运行 |

| 8 | 结果分析 | 结果判断 | (1)预防试验时,绝缘电阻值 $R_{60s}$ 不应低于安装或大修后投入运行前的测量值的 50%。50 kV 变压器,在相同温度下,其绝缘电阻值不小于出厂值的 70%,20 ℃时其最低绝缘电阻值不得小于 2 000 MΩ。 |
|---|---|---|---|

| 8 | 结果分析 | 结果判断 | (2)在相关规程中规定,采用吸收比和级化指数来判断大型变压器的绝缘状况,极化指数的测量值不低于1.5。<br>(3)吸收比与温度有关,对于良好的绝缘,温度升高,吸收比增大;对于油或纸绝缘不良时,温度升高,吸收比减小。<br>(4)测量泄漏电流时,一般情况当年测量值不应大于上一年测量值的150%。当其数据逐年增大时应引起注意,这往往是绝缘逐渐劣化所致;如数值与历年比较突然增大时,则可能有严重的缺陷应查明原因。<br>(5)当泄漏电流过大时,应先检查试品、试验接线、屏蔽、加压高低等,并且排除外界影响因素后,才能对试品下结论。当泄漏电流过小,可能是接线问题、加压不够、微安电流表分流等引起的。<br>(6)交流耐压前后绝缘电阻应无明显变化,且无过热、击穿等现象。<br>(7)交流耐压试验属于破坏性试验,需要在非破坏试验指标合格后进行。<br>(8)试验过程中,如发现表针摆动或被试品有异响、冒烟、冒火等,应立即降压断电,高压侧接地放电后,查明原因 |
|---|---|---|---|
| | | 技术标准 | (1)35 kV级及以下的大型电力变压器吸收比不应低于1.3,电压等于或高于60 kV的大型电力变压器吸收比应控制不低于1.5。电力行业在验收交接试验中,相应规定吸收比分别不低于1.2和1.3。<br>(2)对吸收比小于1.3,一时又难以下结论的变压器,可以补充测量极化指数作为综合判断的依据。<br>(3)直流电阻试验:6 MV·A以上的变压然,相阻不平衡不大于2%,无中性点引出的绕组,线电阻不平衡应不大于1%;1.6 MV·A以下的变压器,相电阻不平衡应不大于4%,无中性点引出的烧组,线电阻不平衡应不大于2%。<br>(4)泄漏电流试验:各相泄漏电流差值不应大于最小值的100%;或者三者泄漏电流在50 μA以下;与历次试验结果相比,不应有明显变化。<br>(5)容量为8 000 kV·A以下、绕组额定电压在110 kV以下的变压器,线端试验应进行交流耐压试验。<br>(6)容量为8 000 kV·A及以上、绕组额定电压在110 kV以下的变压器,可进行线端交流耐压试验。<br>(7)绕组额定电压为110 kV及以上的变压器,其中性点应进行交流耐压试验,试验耐受电压标准为出厂试验电压值的80%。<br>(8)耐压试验属于破坏性试验,试验前后均应进行绝缘电阻测试,且耐压前后绝缘电阻相差不应超过30% |
| | | 注意事项 | (1)测量绝缘电阻时,需要进行温度换算。吸收比和极化指数不进行温度换算。<br>(2)升压时应呼唤应答。<br>(3)测量前后应对试品进行充分放电。<br>(4)耐压试验高压可致命,操作台须可靠接地 |

# 1.1 变压器绕组的绝缘电阻测试

## 1.1.1 试验仪器及设备

(1)绝缘电阻测试仪 DMG2673

(2)绝缘电阻测试仪 MODEL3132A

(3)温湿度仪

(4)变压器 S11-M-30/10

## 1.1.2 试验工具

(1)8英寸活口扳手2把

(2)十字、一字螺丝刀各一把

(3)套管扳手一套

(4)电源盘一个、绝缘手套一副

## 1.1.3 操作步骤

**1. 安全预想**

依据作业内容,工作领导人组织作业相关人员召开安全预想会,指出作业风险源,并制订相应防范措施。

**2. 作业准备**

(1)作业前检查所有仪器仪表以及其他工器具,确认齐全、工作状态良好。

(2)检查作业基本条件是否满足要求,见表2-1-1。

表 2-1-1 作业基本条件

| 序号 | 作业基本要求 | 已完成 | 备注 |
|---|---|---|---|
| 1 | 作业工作许可手续办理完毕 | | |
| 2 | 作业人员状态良好,已安排到位 | | |
| 3 | 向作业人员交代工作内容、地点、危险点分析及预控措施 | | |
| 4 | 试验仪器及工器具完好、校验合格、材料齐全、数量充足 | | |
| 5 | 作业人员安全防护设备配备齐全 | | |
| 6 | 作业现场文明生产防护已完成 | | |
| 7 | 设置试验警示围栏 | | |

**3. 办理第一种工作票**

值班人员向工作领导人介绍变电所内设备运行情况。供电调度员通知值班人员准许作业,值班人员和工作领导人根据供电调度命令办理相关安全措施手续,开始作业。

**4. 检查相关设备**

检查进线隔离开关、主变压器高低压断路器、主变保护装置、差动保护装置设备状态良好。

**5. 测试变压器绕组的绝缘电阻**

(1)开工前布置好工作现场,试验现场应装设遮栏或围栏,并悬挂"止步、高压危险"的标示牌。检查接地点应牢固可靠。

(2)准备好试验表格,将设备铭牌信息记录在表格中。

(3)拆除变压器外部连线,做好记录。如中性点不可拆卸做三相整体对其他绕组及地的绝缘即可。

(4)将被试变压器外壳与主接地点连接。

(5)测量变压器低压侧绝缘电阻。

① 将低压侧绕组(a、b、c、o)短接,高压侧绕组(A、B、C)整体短接接地。

② 使用 MODEL3132A 绝缘电阻测试仪,电压选择 1 000 V。仪表"L"端接至低压侧绕组上,"E"端接至地线上。

③ 将测试仪放在水平面上,按下开关按钮并向右旋转锁定,开始测试。

④ 测试数据由专人记录(需要记录 15 s 时的绝缘电阻值和 60 s 时的绝缘电阻值),测量完毕后,对变压器绕组放电。

(6)测量变压器高压侧(A、B、C)绝缘电阻。

① 将高压侧绕组(A、B、C)三相短接,低压侧绕组(a、b、c、o)整体短接接地。

② 使用 DMG2673 绝缘电阻测试仪,电压选择 2 500 V。仪表"L"端接至高压侧绕组(A、B、C)上,"E"端接至地线上。

③ 将测试仪放在水平面上,按下【启动】按钮,开始测试。

④ 测试数据由专人记录(需要记录 15 s 时的绝缘电阻值和 60 s 时的绝缘电阻值),测量完毕后,对变压器绕组放电。

⑤将变压器的铁芯连片拆开,测试铁芯对地的绝缘电阻,测试方法同变压器高压侧绕组测试。

(7)清理现场(工完、料净、场地清),填写安健环验收卡,见表 2-1-2。

表 2-1-2　安健环验收卡

| 序号 | 检查内容 | 标　准 | 检查结果 |
|---|---|---|---|
| 1 | 恢复情况 | 1. 作业工作全部结束。<br>2. 整改项目验收合格。<br>3. 检修脚手架拆除完毕。<br>4. 孔洞、坑道等盖板恢复。<br>5. 临时拆除的防护栏恢复。<br>6. 安全围栏、警示牌等撤离现场。<br>7. 安全措施和隔离措施具备恢复条件 | □<br>□<br>□<br>□<br>□<br>□<br>□ |
| 2 | 设备自身状况 | 1. 设备与系统全面连接。<br>2. 设备各入孔、开口部分密封良好。<br>3. 设备标示牌齐全。<br>4. 设备油漆完整。<br>5. 设备管道色环清晰准确。<br>6. 阀门手轮齐全。<br>7. 设备保温恢复完毕 | □<br>□<br>□<br>□<br>□<br>□<br>□ |
| 3 | 设备环境状况 | 1. 检修整体工作结束,人员撤出。<br>2. 检修剩余备件材料清理出现场。<br>3. 检修现场废弃物清理完毕。<br>4. 检修用辅助设施拆除结束。<br>5. 临时电源、水源、气源、照明等拆除完毕。<br>6. 工器具及工具箱运出现场。<br>7. 地面铺垫材料运出现场。<br>8. 检修现场卫生整洁 | □<br>□<br>□<br>□<br>□<br>□<br>□<br>□ |

## 1.1.4　试验记录

填写试验数据,试验记录表格见表 2-1-3。

表 2-1-3　变压器绕组绝缘电阻测试试验记录

| 电力变压器试验记录 | | | | | | |
|---|---|---|---|---|---|---|
| 工程名称 | | | | | 试验时间 | |
| 检修性质 | | | 环境温度 | | 环境湿度 | |
| 设备参数 | 型号 | | | 额定频率 | 50 Hz | 冷却方式 | |
| | 额定容量 | | | 短路阻抗 | | 额定电流 | |
| | 额定电压 | | | 绝缘等级 | | 连接组别 | |
| | 相数 | | 产品序号 | | 出厂日期 | |
| | 安装位置 | | | 生产厂家 | | |
| 试验依据:《电力设备预防性试验规程》(DL/T 596—2021) | | | | | | |
| 绕组绝缘电阻(MΩ) | 仪器型号 | | | 仪器编号 | | | |
| | | $R_{15}$ | $R_{60}$ | 吸收比 | 结论 | |
| | 高压对低压及地 | | | | | |
| | 低压对高压及地 | | | | | |
| 铁芯绝缘电阻(MΩ) | | | | | | |
| 绝缘电阻换算至同一温度下,与前一次测试结果相比应无明显变化,吸收比(10~30 ℃范围)不低于1.3 | | | | | | |
| 记录人 | | | 试验参加人员 | | | |
| 审核 | | | 试验单位 | | | |

## 1.1.5　判断标准

(1)当绝缘电阻大于 10 000 MΩ 时,吸收比和极化指数仅作为参考。吸收比(10~30 ℃)不低于 1.3 或极化指数不低于 1.5。

(2)对 500 kV 变压器应测量吸收比和极化指数:吸收比:$R_{60}/R_{15}$;极化指数 $R_{600}/R_{60}$。

(3)铁芯绝缘电阻测试。油浸式 35 kV 及以下变压器的绝缘电阻不宜低于 10 MΩ,干式变压器的绝缘电阻不低于上次测量值的 70%,如外接引线不可拆除可不进行此项。

## 1.1.6　现场案例

(1)变压器绝缘测试电气作业工作票案例见表 2-1-4。

表 2-1-4　变压器绝缘测试电气第一种工作票

编号:××××

| 部门:设备维护部 | 班组:电气一次班 |
|---|---|
| 1. 工作负责人(监护人):李×× | |
| 2. 工作班成员:(10 人以下全填,10 人以上只填 10 人):殷××、陈××、王×× | 共 3 人 |
| 3. 工作任务:××××1 号厂用变压器绝缘测试 | |
| 工作地点　××××1 号厂用变压器处 | |
| 4. 计划工作时间:自××××年××月××日××时××分开始,至××××年××月××日××时××分 | |

续表

| 5. 电气工作条件(全部停电或部分停电;部分停电必须具体指明工作地点保留哪些带电措施):<br>停电 | |
|---|---|
| 6. 经危险点分析需检修自理的安全措施(按工作顺序填写执行) | 已执行(检修确认) |
| (1)工作前验电,无电压后方可工作。<br>(2)正确使用工器具和劳动防护用品 | 1.√<br>2.√ |
| 7. 需要采取的措施 | 已执行(运行确认) |
| (1)断开1号厂用变压器低压侧主进柜断路器,并断开其二次回路开关,在开关操作把手上挂"禁止合闸、有人工作"标示牌。 | 1.√ |
| (2)断开1号厂用变压器低压侧隔离开关,并在其操作把手上挂"禁止合闸、有人工作"标示牌。 | 2.√ |
| (3)断开1号厂用变压器柜高压侧断路器1QF,并断开其控制电源开关,在开关操作把手上挂"禁止合闸、有人工作"标示牌。 | 3.√ |
| (4)合上1号厂用变压器高压柜内接地刀闸1QE。 | 4.√ |
| (5)在1号厂用变压器低压侧挂一组接地线。 | 5.√ |
| (6)在1号厂用变压器本体挂"在此工作"标示牌 | 6.√ |
| 8. 安全注意事项 | 已执行(检修确认) |
| 防止走错间隔 | √ |
| 工作票签发人:张××于××××年××月××日××时××分审核并签发,并向工作负责人详细交代 | |
| 工作票负责人:李××于××××年××月××日××时××分接受任务并已接受工作票签发人详细交代 | |
| 9. 运行人员补充的工作地点保留带电部分和安全措施<br>无补充 | 已执行(运行、检修确认)<br>√ |
| 值班负责人:杨×× | ××××年××月××日××时××分 |
| 10. 批准结束时间:××××年××月××日××时××分 | |
| 值班长:李×× 工作许可人:杨×× | |
| 11. 上述运行必须采取的安全措施(包括补充部分)已全部正确执行,已经工作许可人和工作负责人共同现场确认完毕。从××××年××月××日××时××分许可工作 | |
| 12. 工作票终结:工作班成员已全部撤离,现场已清扫干净。全部工作于××××年××月××日××时××分结束。<br>工作负责人:李×× 工作许可人:杨×× | |
| 13. 工作票接地线 1组,接地刀闸 1组,已拆除 1组,编号 001。<br>安全标示牌已收回。<br>值班负责人:×× | |

（2）变压器预防试验报告案例见表2-1-5。

表2-1-5 变压器预防试验报告

| 电力变压器预防试验报告 | | | | |
|---|---|---|---|---|
| 工程名称 | ××工程(2×330 MW)工程 | | 试验时间 | ××××年××月××日 |
| 检修性质 | A级检修 | 环境温度 17.7 ℃ | 环境湿度 | 37% |

| 设备参数 | 型号 | SBC10-2500/6.3 | | 额定频率 | 50 Hz | 冷却方式 | AN/AF |
|---|---|---|---|---|---|---|---|
| | 额定容量 | 2 500 kV·A | | 短路阻抗 | 9.61% | 额定电流 | 229.12/3 608.4 A |
| | 额定电压 | 6.3±(2×2.5%)/0.4 kV | | 绝缘等级 | F | 连接组别 | Dyn11 |
| | 相数 | 3 | 产品序号 | ×××× | | 出厂日期 | ××××.×× |
| | 安装位置 | B除灰变 | | 生产厂家 | | | ××有限公司 |

试验依据:《电力设备预防性试验规程》(DL/T 596—2021)

| 绕组绝缘电阻(MΩ) | 仪器型号 | KD2676GH 型兆欧表 | | 仪器编号 | | 6760912011GH | |
|---|---|---|---|---|---|---|---|
| | | $R_{15}$ | | $R_{60}$ | | 吸收比 | 结论 |
| | 高压对低压及地 | 100 000 | | 100 000 | | — | 合格 |
| | 低压对高压及地 | 500 | | 500 | | — | 合格 |
| 铁芯绝缘电阻(MΩ) | | | | 500 | | | 合格 |

绝缘电阻换算至同一温度下,与前一次测试结果相比应无明显变化,吸收比(10～30 ℃范围)不低于1.3

| 直流电阻(mΩ) | 仪器型号 | HDZB-40A | | 仪器编号 | | C4010001 | | |
|---|---|---|---|---|---|---|---|---|
| | 分接开关位置 | Ⅲ | 实测值 | 不平衡率 | 换算出厂温度 | 出厂值6 ℃ | 与出厂值差 | 结论 |
| | 高压侧 | AB 相 | 106.20 | | 101.6 | 101.26 | 0.30 | |
| | | BC 相 | 106.10 | 0.50 | 101.5 | 101.14 | 0.32 | |
| | | CA 相 | 106.20 | | 101.6 | 101.04 | 0.52 | 合格 |
| | 低压侧 | ao 相 | 0.113 5 | | 0.108 5 | 0.108 1 | 0.41 | |
| | | bo 相 | 0.114 1 | 0.86 | 0.109 1 | 0.108 9 | 0.20 | |
| | | co 相 | 0.113 7 | | 0.108 7 | 0.108 5 | 0.22 | |

1.6 MV·A 以上变压器,各相绕组电阻相互间的差别不应大于三相平均值的2%,无中性点引出的绕组,线间差别不应大于三相平均值的1%;

1.6 MV·A 及以下的变压器,相间差别一般不大于三相平均值的4%,线间差别一般大于三相平均值的2%,与以前相同部位测得值比较,其变化不应大于2%

| 交流耐压 | 仪器型号 | YDJZ-TDB 试验变压器<br>KZX05-HⅡ控制箱 | 仪器编号 | | H543 |
|---|---|---|---|---|---|
| | 相别 | 试验电压(kV) | 加压时间(min) | | 结论 |
| | 高压对低压及地 | 17 | 1 | | 合格 |
| | 低压对高压及地 | 2.5 | 1 | | 合格 |
| 记录人 | ×× | | 试验参加人员 | | ×× |
| 审核 | ×× | | 试验单位 | | ×××× |

### 1.1.7　拓展训练

1. 编制本作业危险点(源)辨别预控措施卡。
2. 画出本试验流程图。
3. 完成试验报告,并进行数据分析。

# 1.2 变压器绕组的直流电阻测试

## 1.2.1 试验仪器及设备

(1)直流电阻快速测试仪 ZT-40A
(2)温湿度仪
(3)变压器 S11-M-30/10

## 1.2.2 试验工具

(1)8 英寸活口扳手 2 把
(2)十字、一字螺丝刀各一把
(3)套管扳手一套
(4)电源盘一个、绝缘手套一副

## 1.2.3 操作步骤

**1. 安全预想**

依据作业内容,工作领导人组织作业相关人员召开安全预想会。指出作业风险源,并制订相应防范措施。

**2. 作业准备**

(1)作业前检查所有仪器仪表,以及其他工器具,确认齐全、工作状态良好。
(2)检查作业基本条件是否满足要求,见表 2-1-6。

表 2-1-6 作业基本条件

| 序号 | 作业基本要求 | 已完成 | 备注 |
|------|-------------|--------|------|
| 1 | 作业工作许可手续办理完毕 | | |
| 2 | 作业人员状态良好,已安排到位 | | |
| 3 | 向作业人员交代工作内容、地点、危险点分析及预控措施 | | |
| 4 | 试验仪器及工器具完好、校验合格,材料齐全、数量充足 | | |
| 5 | 作业人员安全防护设备配备齐全 | | |
| 6 | 作业现场文明生产防护已完成 | | |
| 7 | 设置试验警示围栏 | | |

**3. 办理第一种工作票**

值班人员向工作领导人介绍变电所内设备运行情况。供电调度员通知值班人员准许作业,值班人员和工作领导人根据供电调度命令办理相关安全措施手续,开始作业。

**4. 检查相关设备**

检查进线隔离开关、主变压器高低压断路器、主变保护装置、差动保护装置设备状态良好。

**5. 测试变压器绕组的直流电阻**

(1)布置好工作现场,检查接地点应牢固可靠。
(2)准备好试验表格,将设备铭牌信息记录在表格中。

（3）拆除变压器外部连线，做好记录。

一般情况下低压侧需要测量每一相的直流电阻。特殊情况如：中性点不可断开的变压器低压侧可以做线间直流电阻测试，高压侧直接做线间直流电阻测试。

（4）将被试设备外壳与主接地点连接，直流电阻快速测试仪 ZT－40A 地线与主接地点相连。

（5）测量高压侧绕组（A、B、C）直流电阻。

① 将低压侧绕组（a、b、c、o）分别悬空，不得接地、短路。

② 测试仪试验夹按说明从仪器上引出，红色、黑色试验夹分别夹在 AB 绕组的两端。

③ 在小键盘上按【↑】、【↓】键选择合适的测试电流 5A 挡位，按下【测试】键开始测试。测试中任何人不得触摸试品，数据稳定后记录数值。AC/BC 的测试方法与 AB 的测试方法一致。

（6）测量低压侧绕组（a、b、c、o）直流电阻。

① 将高压侧绕组（A、B、C）分别悬空，不得接地、短路。

② 测试仪试验夹按说明从仪器上引出，红色、黑色试验夹分别夹在 ao 绕组的首尾两端。

③ 在小键盘上按【↑】、【↓】键选择测试电流 5A 挡位，按下【测试】键，开始测试。测试中任何人不得触摸试品，数据稳定后记录数值。bo/co 的测试方法与 ao 的测试方法一致。

（7）判断结论是否合格，不合格需要分析原因，复测。

（8）收回接地线，恢复现场。

（9）清理现场（工完、料净、场地清），填写安健环验收卡，见表 2-1-7 。

表 2-1-7　安健环验收卡

| 序号 | 检查内容 | 标　准 | 检查结果 |
|---|---|---|---|
| 1 | 恢复情况 | 1. 作业工作全部结束。<br>2. 整改项目验收合格。<br>3. 检修脚手架拆除完毕。<br>4. 孔洞、坑道等盖板恢复。<br>5. 临时拆除的防护栏恢复。<br>6. 安全围栏、警示牌等撤离现场。<br>7. 安全措施和隔离措施具备恢复条件 | □<br>□<br>□<br>□<br>□<br>□<br>□ |
| 2 | 设备自身状况 | 1. 设备与系统全面连接。<br>2. 设备各入孔、开口部分密封良好。<br>3. 设备标示牌齐全。<br>4. 设备油漆完整。<br>5. 设备管道色环清晰准确。<br>6. 阀门手轮齐全。<br>7. 设备保温恢复完毕 | □<br>□<br>□<br>□<br>□<br>□<br>□ |
| 3 | 设备环境状况 | 1. 检修整体工作结束，人员撤出。<br>2. 检修剩余备件材料清理出现场。<br>3. 检修现场废弃物清理完毕。<br>4. 检修用辅助设施拆除结束。<br>5. 临时电源、水源、气源、照明等拆除完毕。<br>6. 工器具及工具箱运出现场。<br>7. 地面铺垫材料运出现场。<br>8. 检修现场卫生整洁 | □<br>□<br>□<br>□<br>□<br>□<br>□<br>□ |

## 1.2.4 试验报告

填写试验数据,试验记录表格见表 2-1-8。

表 2-1-8 变压器绕组直流电阻测试试验记录

| 电力变压器试验记录 | | | | | | | | |
|---|---|---|---|---|---|---|---|---|
| 工程名称 | | | | | | 试验时间 | | |
| 本体温度 | | | 环境温度 | | | 环境湿度 | | |
| 设备参数 | 型号 | | | 额定频率 | | 50 Hz | 冷却方式 | |
| | 额定容量 | | | 短路阻抗 | | 额定电流 | | |
| | 额定电压 | | | 绝缘等级 | | 连接组别 | | |
| | 相数 | | 产品序号 | | | 出厂日期 | | |
| | 安装位置 | | | 生产厂家 | | | | |
| 试验依据:《电力设备预防性试验规程》(DL/T 596—2021) | | | | | | | | |
| 直流电阻 (mΩ) | 仪器型号 | | | 仪器编号 | | | | |
| | 分接开关位置 | Ⅲ | 实测值 | 不平衡率 | 换算出厂温度 | 出厂值6 ℃ | 与出厂值差 | 结论 |
| | 高压侧 | AB 相 | | | | | | |
| | | BC 相 | | | | | | |
| | | CA 相 | | | | | | |
| | 低压侧 | ao 相 | | | | | | |
| | | bo 相 | | | | | | |
| | | co 相 | | | | | | |
| 1.6 MV·A 以上变压器,各相绕组电阻相互间的差别不应大于三相平均值的 2%,无中性点引出的绕组,线间差别不应大于三相平均值的 1%; 1.6 MV·A 及以下的变压器,相间差别一般不大于三相平均值的 4%,线间差别一般大于三相平均值的 2%,与以前相同部位测得值比较,其变化不应大于 2% | | | | | | | | |
| 记录人 | | | | 试验参加人员 | | | | |
| 审核 | | | | 试验单位 | | | | |

## 1.2.5 判断依据

(1)1.6 MV·A 以上变压器,各相绕组相互间的差别不应大于三相平均值的 2%[(最大值－最小值)除以三相平均值再乘以 100],无中性点引出的绕组,相间差别不应大于三相平均值的 1%。

(2)1.6 MV·A 及以下的变压器,相间差别一般不应大于三相平均值的 4%,线间差别一般不大于三相平均值的 2%。与以前相同部位测得值比较,其变化不应大于 2%。

(3)温湿度仪主要用于现场环境测量。

如需要温度换算电阻值按下式换算

$$R_2 = R_1(T+t_2)/(T+t_1)$$

式中 $R_1$、$R_2$——在温度 $t_1$、$t_2$ 时的电阻值;

$T$——计算用常数,铜导线取 235,铝导线取 225。

## 1.2.6　现场案例

(1)变压器直流电阻测试电气作业工作票案例见表 2-1-9。

表 2-1-9　变压器直流电阻测试电气第一种工作票

编号:××××

| 部门:设备维护部 | 班组:电气一次班 |
|---|---|
| 1. 工作负责人:(监护人)李×× | |
| 2. 工作班成员:(10 人以下全填,10 人以上只填 10 人):殷××、陈××、王×× | 共 3 人 |
| 3. 工作任务:××××1 号厂用变压器直流电阻测试 | |
| 　　　工作地点　　　\|　　××××1 号厂用变压器本体处 | |
| 4. 计划工作时间:自××××年××月××日××时××分开始,至××××年××月××日××时××分 | |
| 5. 电气工作条件:(全部停电或部分停电;部分停电必须具体指明工作地点保留哪些带电措施):<br>停电 | |
| 6. 经危险点分析须检修自理的安全措施(按工作顺序填写执行) | 已执行(检修确认) |
| (1)工作前验电,无电压后方可工作。<br>(2)正确使用工器具和劳动防护用品 | 1.√<br>2.√ |
| 7. 需要采取的措施 | 已执行(运行确认) |
| (1)断开 1 号厂用变压器低压侧主进柜断路器,并断开其二次回路开关,在开关操作把手上挂"禁止合闸、有人工作"标示牌。 | 1.√ |
| (2)断开 1 号厂用变压器低压侧隔离开关,并在其操作把手上挂"禁止合闸、有人工作"标示牌。 | 2.√ |
| (3)断开 1 号厂用变压器柜高压侧断路器 1QF,并断开其控制电源开关,在开关操作把手上挂"禁止合闸、有人工作"标示牌。 | 3.√ |
| (4)合上 1 号厂用变压器高压柜内接地刀闸 1QE。 | 4.√ |
| (5)在 1 号厂用变压器低压侧挂一组接地线。 | 5.√ |
| (6)在 1 号厂用变压器本体挂"在此工作"标示牌 | 6.√ |
| 8. 安全注意事项 | 已执行(检修确认) |
| 防止走错间隔 | √ |
| 工作票签发人:张××于××××年××月××日××时××分审核并签发,并向工作负责人详细交代 | |
| 工作票负责人:李××于××××年××月××日××时××分接受任务并已接受工作票签发人详细交代 | |
| 9. 运行人员补充的工作地点保留带电部分和安全措施:<br>无补充 | 已执行(运行、检修确认)<br>√ |
| 值班负责人:杨×× | ××××年××月××日××时××分 |
| 10. 批准结束时间:××××年××月××日××时××分 | |
| 值班长:李×× 　　　　　　　工作许可人:杨×× | |
| 11. 上述运行必须采取的安全措施(包括补充部分)已全部正确执行,已经工作许可人和工作负责人共同现场确认完毕。从××××年××月××日××时××分许可工作 | |
| 12. 工作票终结:工作班成员已全部撤离,现场已清扫干净。全部工作于××××年××月××日××时××分结束。<br>工作负责人:李×× 　　　　工作许可人:杨×× | |
| 13. 工作票接地线　1 组,　接地刀闸　1 组,已拆除　2 组,编号　001。<br>安全标示牌已收回。<br>值班负责人:×× | |

（2）变压器预防试验报告案例见表 2-1-5。

## 1.2.7　拓展训练

1. 编制本作业危险点（源）辨别预控措施卡。
2. 画出本试验流程图。
3. 完成试验报告，并进行数据分析。

# 1.3　变压器绕组的泄漏电流测试

## 1.3.1　试验仪器及设备

（1）直流高压发生器 ZGF-120 kV/2 mA
（2）交直流分压器 FRC-100 kV
（3）绝缘电阻测试仪 DMG2673
（4）绝缘电阻测试仪 MODEL3132A
（5）温湿度仪
（6）变压器 S11-M-30/10

## 1.3.2　试验工具

（1）8 英寸活口扳手 2 把
（2）十字、一字螺丝刀各一把
（3）电源盘一个、绝缘手套一副
（4）短路线 3 根、接地线 2 根

## 1.3.3　操作步骤

**1. 安全预想**
依据作业内容，工作领导人组织作业相关人员召开安全预想会。指出作业风险源，并制订相应防范措施。
**2. 作业准备**
（1）作业前检查所有仪器仪表以及其他工器具，确认齐全、工作状态良好。
（2）检查作业基本条件是否满足要求，见表 2-1-10。

表 2-1-10　作业基本条件

| 序号 | 作业基本要求 | 已完成 | 备注 |
| --- | --- | --- | --- |
| 1 | 作业工作许可手续办理完毕 | | |
| 2 | 作业人员状态良好，已安排到位 | | |
| 3 | 向作业人员交代工作内容、地点、危险点分析及预控措施 | | |
| 4 | 试验仪器及工器具完好、校验合格，材料齐全、数量充足 | | |
| 5 | 作业人员安全防护设备配备齐全 | | |
| 6 | 作业现场文明生产防护已完成 | | |
| 7 | 设置试验警示围栏 | | |

**3. 办理第一种工作票**

值班人员向工作领导人介绍变电所内设备运行情况。供电调度员通知值班人员准许作业,值班人员和工作领导人根据供电调度命令办理相关安全措施手续,开始作业。

**4. 检查相关设备**

检查进线隔离开关、主变压器高低压断路器、主变保护装置、差动保护装置设备状态良好。

**5. 测试变压器绕组的泄漏电流**

(1)开工前布置好工作现场,试验现场应装设遮栏或围栏,并悬挂"止步、高压危险"的标示牌。检查接地点应牢固可靠。

(2)准备好试验表格,将设备铭牌信息记录在表格中。

(3)拆除被试变压器外部连线,并做好记录。

(4)将直流高压发生器、被试变压器、分压器地线与主接地点相连。

(5)安装直流高压发生器上的微安表,连接直流高压发生器至控制箱的连接电缆。

(6)分压器仪表线输出端接入分压器电压测试仪表输入端,分压器高压端接入直流高压发生器上高压输出端(微安表顶部插孔)。

(7)测试变压器绝缘电阻。

①变压器高压侧绝缘电阻测量:将高压侧绕组短接,低压侧绕组短接并接地,使用DMG2673绝缘电阻测试仪表,电压选择 2 500 V。

②变压器低压侧绝缘电阻测量:将低压侧绕组短接,高压侧绕组短接并接地,使用 MODEL3132A 绝缘电阻测试仪,电压选择 500 V。

变压器绝缘测试合格后,方可进行变压器绕组直流泄漏电流测试。

(8)测试变压器高压侧绕组(A、B、C)泄漏电流。

①将高压侧绕组(A、B、C)短接,低压侧绕组(a、b、c、o)短接并接地。直流高压发生器高压输出端接入变压器高压侧绕组(A、B、C)。

②检查接线、接地正确牢固。

③开始测试:缓慢调节发生器控制箱升压旋钮,并观察微安表数值是否线性上升(若发现异常,停止升压。升压旋钮调到"0"位,控制箱断电,待变压器放电后,检查接线并排除故障)。待电压升至要求电压后,按下直流高压发生器【计时】按钮,计时时间为 1 min 后,读取数值。泄漏电流小于 20 μA 即为合格。

④测试完毕,将发生器控制箱升压旋钮调到"0"位,控制箱断电,变压器放电。

(9)复测变压器高压侧绕组(A、B、C)绝缘电阻。

(10)测试变压器低压侧绕组(a、b、c、o)泄漏电流。

①将变压器低压侧绕组(a、b、c、o)整体短接,变压器高压侧绕组(A、B、C)整体短接并接地。

②直流高压发生器高压输出端接入变压器低压侧绕组(a、b、c、o)。

③检查接线、接地正确牢固。

④开始测试:缓慢调节发生器控制箱升压旋钮,并观察微安表数值是否线性上升(如发现异常,停止升压。升压旋钮调到"0"位,控制箱断电,待变压器放电后,检查接线并排除故障)。待电压升至要求电压后,按下直流高压发生器【计时】按钮,计时时间为 1 min 后,读取数值。泄漏电流小于 20 μA 即为合格。

⑤测试完毕,将发生器控制箱升压旋钮调到"0"位,控制箱断电,变压器放电。

(11)复测变压器低压侧绕组(a、b、c、o)绝缘电阻。

(12)分析、判断测试数据。

若测试数据合格,收回接地线、测试线及测试仪器。恢复变压器接线,清理现场(工完、料净、场地清),填写安健环验收卡,见表 2-1-11。

表 2-1-11　安健环验收卡

| 序号 | 检查内容 | 标　准 | 检查结果 |
|------|----------|--------|----------|
| 1 | 恢复情况 | 1. 作业工作全部结束。<br>2. 整改项目验收合格。<br>3. 检修脚手架拆除完毕。<br>4. 孔洞、坑道等盖板恢复。<br>5. 临时拆除的防护栏恢复。<br>6. 安全围栏、警示牌等撤离现场。<br>7. 安全措施和隔离措施具备恢复条件 | □<br>□<br>□<br>□<br>□<br>□<br>□ |
| 2 | 设备自身状况 | 1. 设备与系统全面连接。<br>2. 设备各入孔、开口部分密封良好。<br>3. 设备标示牌齐全。<br>4. 设备油漆完整。<br>5. 设备管道色环清晰准确。<br>6. 阀门手轮齐全。<br>7. 设备保温恢复完毕 | □<br>□<br>□<br>□<br>□<br>□<br>□ |
| 3 | 设备环境状况 | 1. 检修整体工作结束,人员撤出。<br>2. 检修剩余备件材料清理出现场。<br>3. 检修现场废弃物清理完毕。<br>4. 检修用辅助设施拆除结束。<br>5. 临时电源、水源、气源、照明等拆除完毕。<br>6. 工器具及工具箱运出现场。<br>7. 地面铺垫材料运出现场。<br>8. 检修现场卫生整洁 | □<br>□<br>□<br>□<br>□<br>□<br>□<br>□ |

## 1.3.4　试验记录

填写试验数据,试验记录表格见表 2-1-12。

表 2-1-12　变压器绕组的直流泄漏电流测试

| 电力变压器试验记录 | | | | | | | |
|---|---|---|---|---|---|---|---|
| 工程名称 | | | | | 试验时间 | | |
| 环境湿度 | | | 本体温度 | | | 环境温度 | |
| 设备参数 | 型号 | | 相数 | | 额定频率 | 50 Hz | 冷却方式 | |
| | 额定容量 | | | 空载电流 | | 空载损耗 | |
| | 额定电压 | | | 额定电流 | | 连接组别 | |
| | 安装位置 | | 产品序号 | | | 出厂日期 | |
| | 生产厂家 | | | | | | |

续表

| 直流泄漏测量 | 仪器型号 | | | 仪器编号 | |
|---|---|---|---|---|---|
| | 被试绕组 | 试验电压(kV) | 泄漏电流(μA) | | 结论 |
| | 高压对低压、地 | | | | |
| | 低压对高压、地 | | | | |
| | 试验依据:《电力设备预防性试验规程》(DL/T 596—2021) | | | | |
| 记录人 | | | 试验参加人员 | | |
| 审核 | | | 试验单位 | | |

### 1.3.5　参考试验电压(表 2-1-13)

表 2-1-13　参考试验电压

| 绕组额定电压(kV) | 3 | 6～10 | 20～35 | 66～330 | 500 |
|---|---|---|---|---|---|
| 直流试验电压(kV) | 5 | 10 | 20 | 40 | 60 |

### 1.3.6　现场案例

(1)变压器直流泄漏测试电气作业工作票案例见表 2-1-14。

表 2-1-14　变压器直流泄漏测试电气第一种工作票

编号:××××

| 部门:设备维护部 | 班组:电气一次班 |
|---|---|
| 1. 工作负责人(监护人):李×× | |
| 2. 工作班成员:(10人以下全填,10人以上只填10人):殷××、陈××、王×× | 共3人 |
| 3. 工作任务:××××1号厂用变压器直流泄漏测试 | |
| 工作地点　　××××1号厂用变压器本体处 | |
| 4. 计划工作时间:自××××年××月××日××时××分开始,至××××年××月××日××时××分 | |
| 5. 电气工作条件(全部停电或部分停电;部分停电必须具体指明工作地点保留哪些带电措施): 停电 | |
| 6. 经危险点分析需检修自理的安全措施(按工作顺序填写执行) | 已执行(检修确认) |
| (1)工作前验电,无电压后方可工作。 (2)正确使用工器具和劳动防护用品 | 1.√ 2.√ |
| 7. 需要采取的措施 | 已执行(运行确认) |
| (1)断开1号厂用变压器低压侧主进柜断路器,并断其二次回路开关,在开关操作把手上挂"禁止合闸、有人工作"标示牌。 | 1.√ |
| (2)断开1号厂用变压器低压侧隔离开关,并在其操作把手上挂"禁止合闸、有人工作"标示牌。 | 2.√ |
| (3)断开1号厂用变压器柜高压侧断路器1QF,并断其控制电源开关,在开关操作把手上挂"禁止合闸、有人工作"标示牌。 | 3.√ |
| (4)合上1号厂用变压器高压柜内接地刀闸1QE。 | 4.√ |
| (5)在1号厂用变压器低压侧挂一组接地线。 | 5.√ |
| (6)在1号厂用变压器本体挂"在此工作"标示牌 | 6.√ |

续表

| 8. 安全注意事项 | | 已执行(检修确认) |
| --- | --- | --- |
| 防止走错间隔 | | √ |
| 工作票签发人:张××于××××年××月××日××时××分审核并签发,并向工作负责人详细交代 | | |
| 工作票负责人:李××于××××年××月××日××时××分接受任务并已接受工作票签发人详细交代 | | |
| 9. 运行人员补充的工作地点保留带电部分和安全措施:<br>无补充 | | 已执行(运行、检修确认)<br>√ |
| 值班负责人:杨×× | ××××年××月××日××时××分 | |
| 10. 批准结束时间:××××年××月××日××时××分 | | |
| 值班长:李×× | 工作许可人:杨×× | |
| 11. 上述运行必须采取的安全措施(包括补充部分)已全部正确执行,已经工作许可人和工作负责人共同现场确认完毕。从××××年××月××日××时××分许可工作 | | |
| 12. 工作票终结:工作班成员已全部撤离,现场已清扫干净。全部工作于××××年××月××日××时××分结束。<br>工作负责人:李×× 工作许可人:杨×× | | |
| 13. 工作票接地线 1组,接地刀闸 1组,已拆除 2组,编号 001。<br>安全标示牌已收回。<br>值班负责人:×× | | |

(2)变压器预防试验报告案例见表2-1-15。

表 2-1-15  变压器预防试验报告

| 电力变压器试验报告 | | | | | | | |
| --- | --- | --- | --- | --- | --- | --- | --- |
| 工程名称 | | ××工程 | | | 试验时间 | | ××××年××月××日 |
| 环境湿度 | | 28% RH | 本体温度 | | 14 ℃ | 环境温度 | 13 ℃ |
| 设备参数 | 型号 | SFF-57000/20 | 相数 | 3 | 额定频率 | 50 Hz | 冷却方式 | ONAN/ONAF |
| | 额定容量 | 57 000/36 000−36 000 kV·A | 空载电流 | 0.30% | 额定电流 | 1 645/3 299−3 299 A | |
| | 额定电压 | 20±(2×2.5%)/6.3−6.3 kV | 空载损耗 | 37.7 kW | 连接组别 | Dyn1−yn1 | |
| | 空载损耗 | 232.7 kW | 产品序号 | 200812S15 | 出厂日期 | ××××.×× | |
| | 绝缘水平 | h. v. 线路端子 | LI/AC | 200/85 kV | l. v. 线路端子 | LI/AC | 75/35 kV |
| | | l. v. 中性点端子 | | LI/AC | | | 75/35 kV |
| | 生产厂家 | | ××××有限公司 | | | | |

| 绝缘电阻(GΩ) | 仪器型号 | KD2676GH 型兆欧表 | | 仪器编号 | 6760912011GH | | 结论 |
| --- | --- | --- | --- | --- | --- | --- | --- |
| | | $R_{15}$ | $R_{60}$ | $R_{600}$ | 吸收比 | 极化指数 | |
| | 高压对低压A、低压 B 及地 | 3 | 20 | — | 6.60 | — | 合格 |
| | 低压 A 对高压、低压 B 及地 | 2 | 20 | — | 10.00 | — | 合格 |
| | 低压 B 对高压、低压 A 及地 | 2 | 20 | — | 10.00 | — | 合格 |

| 铁芯绝缘 | 10 GΩ | 结论 |
| --- | --- | --- |
| | | 合格 |

续表

| 直流电阻 | 仪器型号 | | HDZB-40A | | 仪器编号 | | | C4010001 | |
|---|---|---|---|---|---|---|---|---|---|
| | | | 出厂75℃ (mΩ) | 实测14℃ (mΩ) | 校正75℃ (mΩ) | 与出厂比 | 不平衡率 | 结论 | |
| | 高压侧Ⅳ分接 | AB | 25.42 | 20.56 | 25.61 | 0.735 | 0.292 | 合格 | |
| | | BC | 25.41 | 20.55 | 25.59 | 0.726 | | | |
| | | AC | 25.52 | 20.61 | 25.67 | 0.585 | | | |
| | 低压侧 B侧 | a101 | 1.777 | 1.411 0 | 1.756 7 | 1.144 | 3.281 | 三相不平衡是由引线长短引起 | |
| | | b101 | 1.794 | 1.428 0 | 1.777 8 | 0.901 | | | |
| | | c101 | 1.837 | 1.458 0 | 1.815 2 | 1.188 | | | |
| | 低压侧 A侧 | a202 | 2.582 | 2.055 0 | 2.558 4 | 0.913 | 2.367 | 三相不平衡是由引线长短引起 | |
| | | b202 | 2.543 | 2.022 0 | 2.517 3 | 1.009 | | | |
| | | c202 | 2.518 | 2.007 0 | 2.498 7 | 0.767 | | | |

| 直流泄漏测量 | 仪器型号 | ZGS-X-Ⅱ直流高压发生器 | 仪器编号 | 96010 |
|---|---|---|---|---|
| | 被试绕组 | 试验电压(kV) | 泄漏电流(μA) | 结论 |
| | 高压对低压侧A、低压侧B及地 | 20 | 14 | 合格 |
| | 低压侧A对高压、低压侧B及地 | 10 | 3 | 合格 |
| | 低压侧B对高压、低压侧A及地 | 10 | 5 | 合格 |

| 试验依据:《电力设备预防性试验规程》(DL/T 596—2021) | | | |
|---|---|---|---|
| 记录人 | ×× | 试验参加人员 | ×× |
| 审核 | ×× | 试验单位 | ×××× |

### 1.3.7 拓展训练

1. 编制本作业危险点(源)辨别预控措施卡。
2. 画出本试验流程图。
3. 完成试验报告,并进行数据分析。

# 1.4 变压器交流耐压试验

## 1.4.1 试验仪器及设备

(1)现场测试专用控制箱 KZX05-HⅡ
(2)试验变压器 YDJZ700(0~50 kV)
(3)交直流分压器 FRC-100 kV
(4)耐压测试仪 MS2670BN-IE(0~5 kV)
(5)绝缘电阻测试仪 DMG2673

(6)绝缘电阻测试仪 MODEL3132A

(7)温湿度仪

(8)变压器 S11-M-30/10

### 1.4.2 试验工具

(1)8 英寸活口扳手 2 把

(2)十字、一字螺丝刀各一把

(3)套管扳手一套

(4)短路线 3 根、接地线 2 根

(5)电源盘一个、绝缘手套一副

### 1.4.3 操作步骤

**1. 安全预想**

依据作业内容,工作领导人组织作业相关人员召开安全预想会,指出作业风险源,并制订相应防范措施。

**2. 作业准备**

(1)作业前检查所有仪器仪表,以及其他工器具,确认齐全、工作状态良好。

(2)检查作业基本条件是否满足要求,见表 2-1-16。

表 2-1-16　作业基本条件

| 序号 | 作业基本要求 | 已完成 | 备注 |
|---|---|---|---|
| 1 | 作业工作许可手续办理完毕 | | |
| 2 | 作业人员状态良好,已安排到位 | | |
| 3 | 向作业人员交代工作内容、地点、危险点分析及预控措施 | | |
| 4 | 试验仪器及工器具完好、校验合格,材料齐全、数量充足 | | |
| 5 | 作业人员安全防护设备配备齐全 | | |
| 6 | 作业现场文明生产防护已完成 | | |
| 7 | 设置试验警示围栏 | | |

**3. 办理第一种工作票**

值班人员向工作领导人介绍变电所内设备运行情况。供电调度员通知值班人员准许作业,值班人员和工作领导人根据供电调度命令办理相关安全措施手续,开始作业。

**4. 检查相关设备**

检查进线隔离开关、主变压器高低压断路器、主变保护装置、差动保护装置设备状态良好。

**5. 变压器的交流耐压试验**

(1)开工前布置好工作现场,试验现场应装设遮栏或围栏,并悬挂"止步、高压危险"的标示牌。检查接地点应牢固可靠。

(2)准备好试验表格,将设备铭牌信息记录在表格中。

(3)拆除变压器外部连线,做好记录。如中性点不可拆卸做三相整体对其他绕组及地即可。

(4)将变压器外壳与主接地点连接。

(5)测试变压器绝缘电阻。

①高压侧绕组（A、B、C）绝缘电阻测量：使用 DMG2673 绝缘电阻测试仪表，电压选择 2 500 V。

②低压侧绕组（a、b、c、o）绝缘电阻测量：使用 MODEL3132A 绝缘电阻测试仪表，电压选择 500 V。

变压器绝缘测试合格后，方可进行交流耐压试验。

(6)变压器高压侧绕组（A、B、C）交流耐压试验。

① 将变压器高压侧绕组（A、B、C）短接，低压侧绕组（a、b、c、o）短接并接地。

② 将控制箱地线、试验变压器地线、分压器地线与主接地点相连。

③ 将现场测试专用控制箱 KZX05-HⅡ二次输出端，接入试验变压器 YDJZ700（0～50 kV）二次输入端。试验变压器的仪表端接控制箱的仪表端。

④ 将分压器仪表输出端接入分压器的电压测试仪表输入端，分压器高压测试端接入试验变压器高压输出端。

⑤ 将试验变压器高压输出端接入被测变压器高压侧绕组（A、B、C）。

⑥ 检查接线、接地正确牢固。

⑦ 开始测试：调节控制箱升压旋钮开始升压，观察分压器电压仪表的电压值，当分压器电压仪表显示电压达到规定值时，按下控制箱【计时】按钮，1 min 内无放电、无击穿后，将测试电压缓慢降低到零值。变压器高压侧绕组（A、B、C）耐压测试完成。

若试验过程中，出现异常情况，要随时将测试电压降低到零值，并断开电源，对变压器放电后，再查找原因。

⑧测试完毕，将控制箱升压旋钮调到"0"值，控制箱断电，变压器放电。

(7)复测变压器高压侧绝缘是否正常。使用 DMG2673 绝缘电阻测试仪表，电压选择 2 500 V。

(8)变压器低压侧绕组（a、b、c、o）交流耐压试验。

① 将变压器低压侧绕组（a、b、c、o）短接，高压侧绕组（A、B、C）短接并接地，耐压测试仪（MS2670BN-IE）尾端接地。

② 将耐压测试仪（MS2670BN-IE）的高压输出端（测量端）接被测变压器低压侧绕组（a、b、c、o）。

③ 检查接线、接地正确牢固。

④ 开始测试：旋转耐压测试仪旋钮缓慢升压。当耐压测试仪上仪表显示到规定值时，按下【计时】按钮，1 min 内无放电、无击穿后，旋转耐压测试仪旋钮降压，直到所加测试电压为零。变压器低压侧绕组（a、b、c、o）耐压试验完成，耐压测试仪断电。

若试验过程中，有异常情况要随时停止测试，旋转耐压测试仪旋钮降压，使测试电压降低到零值。停止测试后，对变压器低压侧绕组（a、b、c、o）放电。

低压侧绕组额定电压在 1 kV 以下时，可以用 2 500 V 仪表代替耐压测试仪器。

(9)复测变压器低压侧绕组（a、b、c、o）绝缘是否正常。使用 MODEL3132A 绝缘电阻测试仪，电压选择 500 V。

(10)测试数据分析、判断。

如测试数据合格，收回接地线，清理现场（工完、料净、场地清），填写安健环验收卡，见表 2-1-17 。

表 2-1-17　安健环验收卡

| 序号 | 检查内容 | 标　准 | 检查结果 |
|------|----------|--------|----------|
| 1 | 恢复情况 | 1. 作业工作全部结束。<br>2. 整改项目验收合格。<br>3. 检修脚手架拆除完毕。<br>4. 孔洞、坑道等盖板恢复。<br>5. 临时拆除的防护栏恢复。<br>6. 安全围栏、警示牌等撤离现场。<br>7. 安全措施和隔离措施具备恢复条件 | □<br>□<br>□<br>□<br>□<br>□<br>□ |
| 2 | 设备自身状况 | 1. 设备与系统全面连接。<br>2. 设备各人孔、开口部分密封良好。<br>3. 设备标示牌齐全。<br>4. 设备油漆完整。<br>5. 设备管道色环清晰准确。<br>6. 阀门手轮齐全。<br>7. 设备保温恢复完毕 | □<br>□<br>□<br>□<br>□<br>□<br>□ |
| 3 | 设备环境状况 | 1. 检修整体工作结束，人员撤出。<br>2. 检修剩余备件材料清理出现场。<br>3. 检修现场废弃物清理完毕。<br>4. 检修用辅助设施拆除结束。<br>5. 临时电源、水源、气源、照明等拆除完毕。<br>6. 工器具及工具箱运出现场。<br>7. 地面铺垫材料运出现场。<br>8. 检修现场卫生整洁 | □<br>□<br>□<br>□<br>□<br>□<br>□<br>□ |

## 1.4.4　试验记录

填写试验数据，试验记录表格见表 2-1-18。

表 2-1-18　变压器交流耐压试验记录

| 电力变压器试验记录 | | | | | |
|---|---|---|---|---|---|
| 工程名称 | | | | 试验时间 | |
| 本体温度 | | 环境温度 | | 环境湿度 | |
| 设备参数 | 型号 | | 额定频率 | 50 Hz | 冷却方式 |
| | 额定容量 | | 短路阻抗 | 额定电流 | |
| | 额定电压 | | 绝缘等级 | 连接组别 | |
| | 相数 | 产品序号 | | 出厂日期 | |
| | 安装位置 | | 生产厂家 | | |
| 试验依据：《电力设备预防性试验规程》(DL/T 596—2021) | | | | | |
| 交流耐压 | 仪器型号 | | | 仪器编号 | |
| | 相别 | 试验电压(kV) | | 加压时间(min) | 结论 |
| | 高压对低压及地 | | | 1 | |
| | 低压对高压及地 | 2.5 | | 1 | |
| 记录人 | | | 试验参加人员 | | |
| 审核 | | | 试验单位 | | |

## 1.4.5　试验标准（表 2-1-19）

表 2-1-19　试验标准

| 额定电压(kV) | <1 | 3 | 6 | 10 |
|---|---|---|---|---|
| 试验电压(kV) | 2.5 | 15 | 21 | 30 |

注：加压时间为 1 min。

## 1.4.6　现场案例

（1）变压器交流耐压测试电气作业工作票案例见表 2-1-20。

表 2-1-20　变压器交流耐压测试电气第一种工作票

编号：××××

| 部门：设备维护部 | | 班组：电气一次班 |
|---|---|---|
| 1. 工作负责人(监护人)：李×× | | |
| 2. 工作班成员：(10 人以下全填，10 人以上只填 10 人)：殷××、陈××、王×× | | 共 3 人 |
| 3. 工作任务：××××1 号厂用变压器耐压测试 | | |
| 工作地点 | ××××1 号厂用变压器处 | |
| 4. 计划工作时间：自××××年××月××日××时××分开始，至××××年××月××日××时××分 | | |
| 5. 电气工作条件(全部停电或部分停电；部分停电必须具体指明工作地点保留哪些带电措施)：<br>停电 | | |
| 6. 经危险点分析需检修自理的安全措施(按工作顺序填写执行) | | 已执行(检修确认) |
| (1)工作前验电，无电压后方可工作。<br>(2)正确使用工器具和劳动防护用品 | | 1. √<br>2. √ |
| 7. 需要采取的措施 | | 已执行(运行确认) |
| (1)断开 1 号厂用变压器低压侧主进柜断路器，并断开其二次回路开关，在开关操作把手上挂"禁止合闸、有人工作"标示牌。 | | 1. √ |
| (2)断开 1 号厂用变压器低压侧隔离开关，并在其操作把手上挂"禁止合闸、有人工作"标示牌。 | | 2. √ |
| (3)断开 1 号厂用变压器柜高压侧断路器 1QF，并断开其控制电源开关，在开关操作把手上挂"禁止合闸、有人工作"标示牌。 | | 3. √ |
| (4)合上 1 号厂用变压器高压柜内接地刀闸 1QE。 | | 4. √ |
| (5)在 1 号厂用变压器低压侧挂一组接地线。 | | 5. √ |
| (6)在 1 号厂用变压器本体挂"在此工作"标示牌 | | 6. √ |
| 8. 安全注意事项 | | 已执行(检修确认) |
| 防止走错间隔 | | √ |
| 工作票签发人：张××于××××年××月××日××时××分审核并签发，并向工作负责人详细交代 | | |
| 工作票负责人：李××于××××年××月××日××时××分接受任务并已接受工作票签发人详细交代 | | |
| 9. 运行人员补充的工作地点保留带电部分和安全措施：<br>无补充 | | 已执行(运行、检修确认)<br>√ |
| 值班负责人：杨×× | ××××年××月××日××时××分 | |

| | |
|---|---|
| 10. 批准结束时间：××××年××月××日××时××分 | |
| 值班长：李××                  工作许可人：杨×× | |
| 11. 上述运行必须采取的安全措施(包括补充部分)已全部正确执行,已经工作许可人和工作负责人共同现场确认完毕。从××××年××月××日××时××分许可工作 | |
| 12. 工作票终结：工作班成员已全部撤离,现场已清扫干净。全部工作于××××年××月××日××时××分结束。<br>工作负责人：李××            工作许可人：杨×× | |
| 13. 工作票 接地线 1组, 接地刀闸 1组,已拆除 2组,编号 001。<br>安全标示牌已收回。<br>值班负责人：×× | |

(2)变压器预防试验报告案例见表 2-1-15。

## 1.4.7 拓展训练

1. 编制本作业危险点(源)辨别预控措施卡。
2. 画出本试验流程图。
3. 完成试验报告,并进行数据分析。

 项目考核单

| 作业项目 | | 变压器预防试验 | | | |
|---|---|---|---|---|---|
| 序号 | 考核项 | 得分条件 | 评分标准 | 配分 | 扣分 |
| 1 | 试验准备 | □1. 正确摆放试验设备。<br>□2. 准备绝缘工具、接地线、电工工具和试验用接线及接线钩叉,鳄鱼夹等。<br>□3. 能进行室内温度湿度检查。<br>□4. 能进行仪器设备安全检查。<br>□5. 能进行工具安全检查。<br>□6. 能用万用表检查试验电源 | 未完成1项扣2分,扣分不得超过12分 | 12 | |
| 2 | 安全措施 | □1. 试验人员穿绝缘鞋、戴安全帽、工作服穿戴整齐。<br>□2. 检查被试品是否带电。<br>□3. 接好接地线,对变压器进行充分放电(使用放电棒)。<br>□4. 设置合适的围栏并悬挂标示牌。<br>□5. 试验前,对变压器外观进行检查(包括瓷瓶、油位、接地线、分接开关、本体清洁度等),并进行清扫 | 未完成1项扣3分,扣分不得超过15分 | 15 | |
| 3 | 变压器及仪器仪表铭牌参数抄录 | □1. 对与试验有关的变压器铭牌参数进行抄录。<br>□2. 选择合适的仪器仪表,并抄录仪器仪表参数、编号、厂家等。<br>□3. 检查仪器仪表合格证是否在有效期内。<br>□4. 索取历年试验数据 | 未完成1项扣2分,扣分不得超过8分 | 8 | |
| 4 | 试验接线 | □1. 仪器摆放整齐规范。<br>□2. 接线布局合理。<br>□3. 仪器、变压器地线,连接牢固良好 | 未完成1项扣3分,扣分不得超过9分 | 9 | |

续表

| 作业项目 | | 变压器预防试验 | | | |
|---|---|---|---|---|---|
| 序号 | 考核项 | 得分条件 | 评分标准 | 配分 | 扣分 |
| 5 | 试品带电试验 | □1. 接好试品、操作仪器,如果需要则缓慢升压。<br>□2. 升压时进行呼唤应答。<br>□3. 升压过程中,注意表计指示。<br>□4. 电压升到试验要求值,正确记录表计指示数。<br>□5. 读取数据后,仪器复位,断掉仪器开关,拉开电源刀闸,拔出仪器电源插头。<br>□6. 用放电棒对被试品放电 | 未完成1项扣3分,扣分不得超过18分 | 18 | |
| 6 | 试验现场恢复 | □1. 将试验设备及部件整理恢复原状。<br>□2. 填写安健环验收卡 | 未完成1项扣3分,扣分不得超过6分 | 6 | |
| 7 | 资料信息查询 | □1. 能在规定时间内查询所需资料。<br>□2. 能正确查询变压器预防试验方法依据标准。<br>□3. 能正确查询变压器预防试验判定规范。<br>□4. 能正确记录所需资料编号。<br>□5. 能正确记录试验过程存在的问题 | 未完成1项扣2分,扣分不得超过10分 | 10 | |
| 8 | 数据判读分析 | □1. 能正确读取数据。<br>□2. 能正确记录试验过程中数据。<br>□3. 能正确进行数据计算。<br>□4. 能正确进行数据分析。<br>□5. 能根据数据得出试验结论。<br>□6. 能根据数据完成试验报告 | 未完成1项扣2分,扣分不得超过12分 | 12 | |
| 9 | 方案制订与报告撰写 | □1. 字迹清晰。<br>□2. 语句通顺。<br>□3. 无错别字。<br>□4. 无涂改。<br>□5. 无抄袭 | 未完成1项扣2分,扣分不得超过10分 | 10 | |
| 合计 | | | | 100 | |

# 项目 2
## 断路器预防试验

**项目任务单**

| 作业项目 | | 断路器预防试验 |
|---|---|---|
| 序号 | 明细 | 作业内容、标准及图例 |
| 1 | 适用范围 | 适用于 10 kV 以上开关设备预防性试验 |
| 2 | 编制依据 | (1)《电气装置安装工程电气设备交接试验标准》。<br>(2)《电力设备预防性试验规程》。<br>(3)《水电站电气设备预防性试验规程》。<br>(4)《电力设备预防性试验规程》。<br>(5)断路器产品说明书 |
| 3 | 作业流程 | 作业前准备 → 召开预想会、开工会、制订安全措施 → 对设备进行试验，处理发现的缺陷 → 试验完毕，确认设备可以投入运行 → 作业结束，办理收工手续 → 填写记录 |
| 4 | 试验项目及内容 | <table><tr><td>试验项目</td><td>试验内容</td></tr><tr><td>2.1 断路器绝缘电阻测试</td><td>(1)断路器合闸对地及相间绝缘电阻测试。<br>(2)断路器分闸断口间绝缘电阻测试。<br>(3)辅助、控制回路绝缘电阻测试</td></tr><tr><td>2.2 断路器导电回路直流电阻测试</td><td>(1)A相导电回路直流电阻测试。<br>(2)B相导电回路直流电阻测试。<br>(3)C相导电回路直流电阻测试</td></tr><tr><td>2.3 断路器动作电压、分合闸动作特性试验</td><td>(1)合闸动作特性。<br>(2)分闸动作特性。<br>(3)合闸动作电压。<br>(4)分闸动作电压</td></tr><tr><td>2.4 断路器交流耐压试验</td><td>(1)断路器合闸对地及相间交流耐压试验。<br>(2)断路器分闸断口间交流耐压试验</td></tr></table> |

| 5 | 准备工作 | 人员准备 | 分工 | 人数 | 要求 | 职责 |
|---|---|---|---|---|---|---|
| | | | 作业人员 | 3 人 | 安全等级二级及以上 | 试验作业 |
| | | | 安全监护人员 | 1 人 | 安全等级三级及以上 | 监控现场作业安全 |
| | | | 验收人员 | 1 人 | 安全等级三级及以上 | 对试验情况进行监督和验收 |
| | | 工具准备 | 名称 | 规格 | 单位 | 数量 |
| | | | 温湿度仪 | 误差±1 ℃ | 个 | 1 |
| | | | 兆欧表 | 2 500~5 000 V | 块 | 1 |
| | | | 绝缘电阻测试仪 | DMG2673 | 套 | 1 |
| | | | 绝缘电阻测试仪 | MODEL3132A | 套 | 1 |
| | | | 回路电阻测试仪 | 0.5 级 | 套 | 1 |
| | | | 现场测试专用控制箱 | KZX05-HⅡ | 套 | 1 |
| | | | 试验变压器 | 0~50 kV | 套 | 1 |
| | | | 交直流分压器 | FRC-100 kV | 套 | 1 |
| | | | 直流高压发生器 | ZGF-120 kV/2 mA | 套 | 1 |
| | | | 微安表 | 根据需要 | 块 | 1 |
| | | | 电压表、电流表 | 根据需要 | 块 | 若干 |
| | | | 万用表 | 根据需要 | 块 | 若干 |
| | | | 电源线和试验接线、电缆盘 | 根据需要 | 套 | 若干 |
| | | | 安全、防护、个人工具及其他工具根据具体作业内容携带 | | | |
| | | 材料准备 | 名称 | 规格 | 单位 | 数量 |
| | | | 试验连线 | — | 根 | 若干 |
| | | | 白布带 | — | 卷 | 2 |
| | | | 根据具体作业内容携带相应材料 | | | |
| 6 | 主要风险及控制 | 风险点 | 控制措施 | | | |
| | | 触电伤害 | (1)试验人员与带电设备保持足够安全距离。<br>(2)试验设备周围设隔离围栏,防止其他无关人员误闯入作业区。<br>(3)试验区域设有专人监护,一旦发现异常应立刻断开电源停止试验,查明原因并排除后方可继续试验。<br>(4)试验仪器外壳可靠接地。<br>(5)试验后应对设备充分放电 | | | |
| | | 高处坠落 | (1)登高作业,应系好安全带;安全带要系在牢固的构件上。<br>(2)作业人员戴好安全帽并系好帽绳,防止上端掉落材料、工器具,砸伤下方工作人员 | | | |
| 7 | 应急处置 | 关键问题 | 处置方法 | | | |
| | | 当试验过程中发现被试断路器有影响运行的问题,导致断路器不能正常投运 | 向供电调度员请示将该断路器退出运行 | | | |

| 8 | 结果分析 | 结果判断 | (1)绝缘电阻同一温度下与前一次无明显变化,吸收比不低于1.3或极化指数不低于1.5。<br>(2)绝缘电阻测量范围:断路器合闸状态下,检查拉杆对地绝缘,对35 kV以下包含有绝缘子和绝缘拐臂的绝缘;断路器分闸状态下,检查各断口之间的绝缘,以及内部灭弧室是否受潮或烧伤。<br>(3)断路器合、分闸时间与合、分闸不同期,均应符合制造厂的规定;合闸弹跳时间,除制造厂另有规定外,应不大于2 ms。<br>(4)交流耐压前后绝缘电阻应无明显变化且无过热、击穿现象。交流耐压试验属于破坏性试验,需要在非破坏试验指标合格后进行 |
|---|---|---|---|
| | | 技术标准 | (1)测量真空断路器、$SF_6$断路器,支持瓷套、拉杆等一次回路的对地绝缘电阻,使用2 500 V的兆欧表,其绝缘电阻值应大于5 000 MΩ。<br>(2)真空断路器的分、合闸线圈及合闸接触器线圈的绝缘电阻值不低于10 MΩ。<br>(3)断路器导电直流电阻根据开关厂家要求的电阻值进行对比。断路器运行中自行规定,建议不大于1.2倍出厂值。<br>(4)断路器的分、合闸同期性应满足下列要求:相间合闸不同期不大于5 ms;相间分闸不同期不大于3 ms;同相各断口间,合闸不同期不大于3 ms;同相各断口间分闸不同期不大于2 ms,厂家另有规定除外。<br>(5)并联合闸脱扣器,应能在其交流额定电压的85%~110%范围或直流额定电压的80%~110%范围内可靠动作;并联分闸脱扣器,应能在其额定电源电压的65%~120%范围内可靠动作,当电源电压低至额定值的30%或更低时,不应脱扣。<br>(6)进行断路器交流耐压试验时,一般应先进行低电压试验,再进行高电压试验。应在绝缘电阻测量之后,再进行介损及电容量测量,试验数据正常方可进行交流耐压试验和局部放电测试。交流耐压试验前后还应重复介损、电容量测量,以判断耐压试验前后试品的绝缘有无击穿 |
| | | 注意事项 | (1)测量前后应对试品进行充分放电。<br>(2)升压时应呼唤应答。<br>(3)测量绝缘电阻时,需要进行温度换算。<br>(4)试验过程中,如发现表针摆动或被试品有异响、冒烟、冒火等,应立即降压断电,高压侧接地放电后,查明原因。<br>(5)测试断路器动作特性时,合分闸线圈接线时,需要与控制回路断开,确认无接地、短路,防止损坏设备 |

# 2.1  断路器绝缘电阻测试

## 2.1.1  试验仪器及设备

(1)绝缘电阻测试仪 DMG2673<br>
(2)温湿度仪<br>
(3)真空断路器 VS1(ZN63A)

## 2.1.2  试验工具

(1)8英寸活口扳手2把<br>
(2)十字、一字螺丝刀各一把

(3)套管扳手一套

(4)电源盘一个、绝缘手套一副

## 2.1.3　操作步骤

**1. 安全预想**

依据作业内容,工作领导人组织作业相关人员召开安全预想会。指出作业风险源,并制订相应防范措施。

**2. 作业准备**

(1)作业前检查所有仪器、仪表,以及其他工器具,确认齐全、工作状态良好。

(2)检查作业基本条件是否满足要求,见表 2-2-1。

表 2-2-1　作业基本条件

| 序号 | 作业基本要求 | 已完成 | 备注 |
|---|---|---|---|
| 1 | 作业工作许可手续办理完毕 | | |
| 2 | 作业人员状态良好,已安排到位 | | |
| 3 | 向作业人员交代工作内容、地点、危险点分析及预控措施 | | |
| 4 | 试验仪器及工器具完好、校验合格,材料齐全、数量充足 | | |
| 5 | 作业人员安全防护设备配备齐全 | | |
| 6 | 作业现场文明生产防护已完成 | | |
| 7 | 设置试验警示围栏 | | |

**3. 办理第一种工作票**

值班人员向工作领导人介绍变电所内设备运行情况。供电调度员通知值班人员准许作业,值班人员和工作领导人根据供电调度命令办理相关安全措施手续,开始作业。

**4. 测试断路器绝缘电阻**

(1)开工前布置好工作现场,试验现场应装设遮栏或围栏,并悬挂"止步、高压危险"的标示牌。检查接地点应牢固可靠。

(2)准备好试验表格,将设备铭牌信息记录在表格中。

(3)拆除断路器外部连线,做好记录。

(4)将断路器外壳与主接地点连接。

(5)测试断路器合闸状态下的绝缘电阻(使用 DMG2673 绝缘电阻测试仪,电压选择 2 500 V)。

①使断路器处在合闸状态。

②测 A 相绝缘电阻:将 B、C 相(上口和下口触头)整体短接接地,绝缘电阻测试仪"L"端接至断路器 A 相触头上,"E"端接至地线上。将绝缘电阻测试仪放在水平面上,按【启动】按钮,开始测试。数据由专人记录,记录 1 min 绝缘电阻值。

③B 相、C 相绝缘电阻测试方法同上(都是要将非测试相短接并接地)。

(6)测试断路器分闸状态下的绝缘电阻。

①使断路器处在分闸状态。

②将断路器下口(触头)三相短接接地,分别测试在断路器上口(触头)A、B、C 三相对下口绝缘电阻。

③测 A 相绝缘电阻时,将 B、C 相短接接地。绝缘电阻测试仪"L"端,接至断路器上口 A 相;"E"端接至地线上。将绝缘电阻测试仪放在水平面上,按【启动】按钮开始测试。测试数据由专人记录,记录 1 min 绝缘电阻值。

④B 相、C 相绝缘电阻测量同上(都是要将非测试相短接并接地)。

(7)判断结论是否合格,不合格需要分析原因,复测。

对于控制回路,分、合闸线圈的绝缘电阻,由于内部接线原因,测试其对地(外壳)的绝缘即可,使用 500 V 绝缘电阻测试仪。

(8)收回接地线,恢复断路器接线。

(9)清理现场(工完、料净、场地清),填写安健环验收卡,见表 2-2-2 。

表 2-2-2　安健环验收卡

| 序号 | 检查内容 | 标　　准 | 检查结果 |
|---|---|---|---|
| 1 | 恢复情况 | 1. 作业工作全部结束。<br>2. 整改项目验收合格。<br>3. 检修脚手架拆除完毕。<br>4. 孔洞、坑道等盖板恢复。<br>5. 临时拆除的防护栏恢复。<br>6. 安全围栏、警示牌等撤离现场。<br>7. 安全措施和隔离措施具备恢复条件 | ☐<br>☐<br>☐<br>☐<br>☐<br>☐<br>☐ |
| 2 | 设备自身状况 | 1. 设备与系统全面连接。<br>2. 设备各入孔、开口部分密封良好。<br>3. 设备标示牌齐全。<br>4. 设备油漆完整。<br>5. 设备管道色环清晰准确。<br>6. 阀门手轮齐全。<br>7. 设备保温恢复完毕 | ☐<br>☐<br>☐<br>☐<br>☐<br>☐<br>☐ |
| 3 | 设备环境状况 | 1. 检修整体工作结束,人员撤出。<br>2. 检修剩余备件材料清理出现场。<br>3. 检修现场废弃物清理完毕。<br>4. 检修用辅助设施拆除结束。<br>5. 临时电源、水源、气源、照明等拆除完毕。<br>6. 工器具及工具箱运出现场。<br>7. 地面铺垫材料运出现场。<br>8. 检修现场卫生整洁 | ☐<br>☐<br>☐<br>☐<br>☐<br>☐<br>☐<br>☐ |

## 2.1.4　试验记录

填写试验数据,试验记录表格见表 2-2-3。

表 2-2-3　断路器绝缘电阻测试试验记录

| 真空断路器试验记录 | | | | | |
|---|---|---|---|---|---|
| 工程名称 | | | | 试验时间 | |
| 检修性质 | A 级修 | 环境温度 | | 环境湿度 | |
| 断路器名称 | | | | | |
| 断路器型号 | | | 额定电压 | | |

续表

| 额定电流 | | 开断电流 | |
|---|---|---|---|
| 分合闸电压 | | 标准雷电冲击耐压 | |
| 出厂编号 | | 生产日期 | |
| 生产厂家 | | | |

<table>
<tr><td rowspan="6">绝缘电阻</td><td colspan="2">试验依据:《电力设备预防性试验规程》(DL/T 596—2021)</td><td colspan="2"></td><td></td></tr>
<tr><td>仪器型号</td><td></td><td colspan="2">仪器编号</td><td></td></tr>
<tr><td>相别</td><td>A</td><td>B</td><td>C</td><td>结论</td></tr>
<tr><td>合闸对地及相间</td><td></td><td></td><td></td><td></td></tr>
<tr><td>分闸断口间</td><td></td><td></td><td></td><td></td></tr>
<tr><td>控制回路、分、合闸线圈对地</td><td></td><td></td><td></td><td></td></tr>
</table>

| 试验负责人 | | 试验参加人员 | |
|---|---|---|---|
| 记录人 | | 试验单位 | |
| 审核 | | | |

## 2.1.5 判断标准

(1)测量真空断路器、$SF_6$断路器的支持瓷套、拉杆等一次回路对地绝缘电阻,使用 2 500 V 的兆欧表,其绝缘电阻值应大于 5 000 MΩ。

(2)真空断路器的分、合闸线圈及合闸接触器线圈的绝缘电阻值不低于 10 MΩ。

(3)绝缘电阻同一温度下与前一次无明显变化,吸收比不低于 1.3 或极化指数不低于 1.5。

(4)测量范围:断路器合闸状态下,检查拉杆对地绝缘,对 35 kV 以下包含有绝缘子和绝缘拐臂的绝缘,断路器分闸状态下,检查各断口之间的绝缘以及内部灭弧室是否受潮或烧伤。

## 2.1.6 现场案例

(1)变压器高压侧断路器试验电气作业工作票案例见表 2-2-4。

表 2-2-4 变压器高压侧断路器试验电气第一种工作票

编号:××××

| 部门:设备维护部 | | 班组:电气一次班 |
|---|---|---|
| 1. 工作负责人(监护人):李×× | | |
| 2. 工作班成员:(10 人以下全填,10 人以上只填 10 人):殷××、陈××、王×× | | 共 3 人 |
| 3. 工作任务:××××10 kV 段 1 号照明变压器高压侧断路器试验 | | |
| 工作地点 | ××××10 kV 配电室处 | |
| 4. 计划工作时间:自××××年××月××日××时××分开始,至××××年××月××日××时××分 | | |
| 5. 电气工作条件(全部停电或部分停电;部分停电必须具体指明工作地点保留哪些带电措施):<br>停电 | | |

| 6. 经危险点分析需检修自理的安全措施(按工作顺序填写执行) | 已执行(检修确认) |
|---|---|
| (1)工作前验电,无电压后方可工作。<br>(2)正确使用工器具和劳动防护用品 | 1.√<br>2.√ |
| 7. 需要采取的措施 | 已执行(运行确认) |
| (1)断开 10 kV 段 1 号照明变压器高压断路器,并断开其二次回路开关,在开关操作把手上挂"禁止合闸、有人工作"标示牌。<br>(2)合上 10 kV 段照明变电柜接地刀闸。<br>(3)在 10 kV 段照明变电柜本体挂"在此工作"标示牌 | 1.√<br><br>2.√<br>3.√ |
| 8. 安全注意事项 | 已执行(检修确认) |
| 防止走错间隔 | √ |
| 工作票签发人:张××于××××年××月××日××时××分审核并签发,并向工作负责人详细交代 | |
| 工作票负责人:李××于××××年××月××日××时××分接受任务并已接受工作票签发人详细交代 | |
| 9. 运行人员补充的工作地点保留带电部分和安全措施:<br>无补充 | 已执行(运行、检修确认)<br>√ |
| 值班负责人:杨×× | ××××年××月××日××时××分 |
| 10. 批准结束时间:××××年××月××日××时××分 | |
| 值班长:李××　　　　工作许可人:杨×× | |
| 11. 上述运行必须采取的安全措施(包括补充部分)已全部正确执行,已经工作许可人和工作负责人共同现场确认完毕。从××××年××月××日××时××分许可工作 | |
| 12. 工作票终结:工作班成员已全部撤离,现场已清扫干净。全部工作于××××年××月××日××时××分结束。<br>工作负责人:李××　　　　工作许可人:杨×× | |
| 13. 工作票接地线　1组,　接地刀闸1组,已拆除　2组,编号　001<br>安全标示牌已收回。<br>值班负责人:×× | |

(2)真空断路器预防试验报告案例见表 2-2-5。

表 2-2-5　真空断路器预防试验报告

| 真空断路器试验报告 | | | | | |
|---|---|---|---|---|---|
| 工程名称 | ××××年 2 号机 A 修 | | | 试验时间 | ××××年××月××日 |
| 检修性质 | A 级修 | 环境温度 | 18 ℃ | 环境湿度 | 30% |
| 开关名称 | 2 号机 6 kV 2B 段备用电源开关 | | | | |
| 开关型号 | VD4 1212-50M | | 额定电压 | | 12 kV |
| 额定电流 | 4 000 A | | 开断电流 | | 50 kA |
| 分合闸电压 | DC 220 V | | 标准雷电冲击耐压 | | 75 kV |
| 出厂编号 | 1500224331/1005/07 | | 生产日期 | | ××××年××月 |

续表

| 生产厂家：×××有限公司 | | | | | | | | | |
|---|---|---|---|---|---|---|---|---|---|
| 试验依据:《电力设备预防性试验规程》(DL/T 596—2021) | | | | | | | | | |
| 绝缘电阻 | 仪器型号 | KD2676GH 型兆欧表 | | 仪器编号 | | | 6760912011GH | | |
| | 相别 | 耐压前 | A | B | C | 耐压后 | | | |
| | | | | | | A | B | C | |
| | 合闸对地及相间(GΩ) | 20 | 20 | 20 | 20 | 20 | 20 | 20 | |
| | 分闸断口间(GΩ) | 20 | 20 | 20 | 20 | 20 | 20 | 20 | |
| | 辅助、控制回路(MΩ) | 500 | | | | 500 | | | |
| 回路电阻(μΩ) | 包含触臂≤53 μΩ | | | | | | | | |
| | 仪器型号 | HLY-3-200A 开关直阻测试仪 | | 仪器编号 | | | JL12-12515 | | |
| | 相别 | A | | B | | C | | 结论 | |
| | 阻值 | 11.7 | | 12.1 | | 12.1 | | 合格 | |
| 机械特性 | 合闸时间 55~67 ms  分闸时间 33~45 ms  合闸弹跳时间≤2 ms  分合闸不同期≤2 ms | | | | | | | | |
| | 仪器型号 | GKC-F1 高压开关机械特性测试仪 | | 仪器编号 | | | JL12-12512 | | |
| | 相别 | A | B | C | 最低动作电压(V) | | | 结论 | |
| | 合闸时间(ms) | 58.3 | 59.25 | 58.67 | 合闸 80% | 正确动作 | | 合格 | |
| | 合闸弹跳时间(ms) | 0.89 | 0.78 | 0.97 | 89 | | | | |
| | 分闸时间(ms) | 37.15 | 36.9 | 37.23 | 分闸 60% | 正确动作 | | | |
| | 相间合闸同期差(ms) | 0.94 | | | 90 | | | | |
| | 相间分闸同期差(ms) | 0.33 | | | 分闸 30% | 不动作 | | | |
| 交流耐压 | 仪器型号 | YDJZ-TDB 试验变压器 | | | 仪器编号 | | H543 | | |
| | 相别 | 试验电压(kV) | | | 加压时间(s) | | 结论 | | |
| | 合闸对地及相间 | 32 | | | 60 | | 合格 | | |
| | 分闸断口间 | 32 | | | 60 | | | | |
| 试验负责人 | ×× | | 试验参加人员 | ×× | | | | | |
| 记录人 | ×× | | 试验单位 | ×××× | | | | | |
| 审核 | | | | | | | | | |

## 2.1.7 拓展训练

(1)编制本作业危险点(源)辨别预控措施卡。

(2)画出本试验流程图。

(3)完成试验报告,并进行数据分析。

# 2.2 断路器导电回路直流电阻测试

## 2.2.1 试验仪器及设备

(1)回路电阻测试仪 HLY-Ⅲ

(2)温湿度仪

(3)真空断路器 VS1(ZN63A)

## 2.2.2　试验工具

(1)8 英寸活口扳手 2 把

(2)十字、一字螺丝刀各一把

(3)套管扳手一套

(4)电源盘一个、绝缘手套一副

## 2.2.3　操作步骤

**1. 安全预想**

依据作业内容,工作领导人组织作业相关人员召开安全预想会。指出作业风险源,并制订相应防范措施。

**2. 作业准备**

(1)作业前检查所有仪器、仪表,以及其他工器具,确认齐全、工作状态良好。

(2)检查作业基本条件是否满足要求,见表 2-2-6。

表 2-2-6　作业基本条件

| 序号 | 作业基本要求 | 已完成 | 备注 |
|---|---|---|---|
| 1 | 作业工作许可手续办理完毕 | | |
| 2 | 作业人员状态良好,已安排到位 | | |
| 3 | 向作业人员交代工作内容、地点、危险点分析及预控措施 | | |
| 4 | 试验仪器及工器具完好、校验合格,材料齐全、数量充足 | | |
| 5 | 作业人员安全防护设备配备齐全 | | |
| 6 | 作业现场文明生产防护已完成 | | |
| 7 | 设置试验警示围栏 | | |

**3. 办理第一种工作票**

值班人员向工作领导人介绍变电所内设备运行情况。供电调度员通知值班人员准许作业,值班人员和工作领导人根据供电调度命令办理相关安全措施手续,开始作业。

**4. 测试断路器合闸回路电阻**

(1)布置好工作现场,检查接地点应牢固可靠。

(2)准备好试验表格,将设备铭牌信息记录在表格中。

(3)拆除断路器外部连线,做好记录。

(4)将被试设备外壳与主接地点连接。

(5)检查断路器上下口(上下触头)无短接线、无接地点。使断路器处于合闸状态。

(6)测量 A 相直流电阻:试验线夹按说明从仪器上引出,红色、黑色线夹分别夹在 A 相断路器的上下口。按下【测试】按钮,开始测试,并打印记录数据。

(7)测量 B 相直流电阻:试验线夹按说明从仪器上引出,红色、黑色线夹分别夹在 B 相断路器的上下口。按下【测试】按钮,开始测试,并打印记录数据。

(8)测量 C 相直流电阻:试验线夹按说明从仪器上引出,红色、黑色线夹分别夹在 C 相断

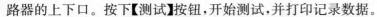

路器的上下口。按下【测试】按钮,开始测试,并打印记录数据。

(9)判断结论。根据断路器厂家要求的电阻值进行对比。判断是否合格,不合格需要分析原因,复测。

(10)收回接地线,恢复断路器连接线。

(11)清理现场(工完、料净、场地清),填写安健环验收卡,见表 2-2-7。

表 2-2-7　安健环验收卡

| 序号 | 检查内容 | 标　准 | 检查结果 |
|---|---|---|---|
| 1 | 恢复情况 | 1. 作业工作全部结束。<br>2. 整改项目验收合格。<br>3. 检修脚手架拆除完毕。<br>4. 孔洞、坑道等盖板恢复。<br>5. 临时拆除的防护栏恢复。<br>6. 安全围栏、警示牌等撤离现场。<br>7. 安全措施和隔离措施具备恢复条件 | ☐<br>☐<br>☐<br>☐<br>☐<br>☐<br>☐ |
| 2 | 设备自身状况 | 1. 设备与系统全面连接。<br>2. 设备各入孔、开口部分密封良好。<br>3. 设备标示牌齐全。<br>4. 设备油漆完整。<br>5. 设备管道色环清晰准确。<br>6. 阀门手轮齐全。<br>7. 设备保温恢复完毕 | ☐<br>☐<br>☐<br>☐<br>☐<br>☐<br>☐ |
| 3 | 设备环境状况 | 1. 检修整体工作结束,人员撤出。<br>2. 检修剩余备件材料清理出现场。<br>3. 检修现场废弃物清理完毕。<br>4. 检修用辅助设施拆除结束。<br>5. 临时电源、水源、气源、照明等拆除完毕。<br>6. 工器具及工具箱运出现场。<br>7. 地面铺垫材料运出现场。<br>8. 检修现场卫生整洁 | ☐<br>☐<br>☐<br>☐<br>☐<br>☐<br>☐<br>☐ |

## 2.2.4　试验记录

填写试验数据,试验记录表格见表 2-2-8。

表 2-2-8　断路器回路电阻测试试验记录

| 真空断路器试验记录 | | | | |
|---|---|---|---|---|
| 工程名称 | | | 试验时间 | |
| 检修性质 | A 级修 | 环境温度 | 环境湿度 | |
| 断路器名称 | | | | |
| 断路器型号 | | | 额定电压 | |
| 额定电流 | | | 开断电流 | |
| 分合闸电压 | | | 标准雷电冲击耐压 | |

续表

| | 出厂编号 | | | 生产日期 | | | |
|---|---|---|---|---|---|---|---|
| | 生产厂家 | | | | | | |
| | 试验依据:《电力设备预防性试验规程》(DL/T 596—2021) | | | | | | |
| 回路电阻(μΩ) | 仪器型号 | | | 仪器编号 | | | |
| | 相别 | A | | B | | C | 结论 |
| | 阻值 | | | | | | |
| 试验负责人 | | 试验参加人员 | | | | | |
| 记录人 | | 试验单位 | | | | | |
| 审核 | | | | | | | |

## 2.2.5  判断依据

(1)根据开关厂家要求的电阻值进行对比。

(2)运行中自行规定,建议不大于 1.2 倍出厂值。

## 2.2.6  现场案例

(1)变压器高压侧开关试验电气作业工作票案例见表 2-2-9。

表 2-2-9  变压器高压侧开关试验电气第一种工作票

编号:××××

| 部门:设备维护部 | | 班组:电气一次班 |
|---|---|---|
| 1. 工作负责人(监护人):李×× | | |
| 2. 工作班成员:(10 人以下全填,10 人以上只填 10 人):殷××、陈××、王×× | | 共 3 人 |
| 3. 工作任务:××××10 kV 段 2 号照明变压器高压侧开关试验 | | |
| 工作地点 | ××××10 kV 配电室处 | |
| 4. 计划工作时间:自××××年××月××日××时××分开始,至××××年××月××日××时××分 | | |
| 5. 电气工作条件(全部停电或部分停电;部分停电必须具体指明工作地点保留哪些带电措施):<br>停电 | | |
| 6. 经危险点分析须检修自理的安全措施(按工作顺序填写执行) | | 已执行(检修确认) |
| (1)工作前验电,无电压后方可工作。<br>(2)正确使用工器具和劳动防护用品 | | 1. √<br>2. √ |
| 7. 需要采取的措施 | | 已执行(运行确认) |
| (1)断开 10 kV 段 2 号照明变压器高压断路器,并断其二次回路开关,在开关操作把手上挂"禁止合闸、有人工作"标示牌。<br>(2)合上 10 kV 段照明变电柜接地刀闸。<br>(3)在 10 kV 段照明变电柜本体挂"在此工作"标示牌 | | 1. √<br>2. √<br>3. √ |
| 8. 安全注意事项 | | 已执行(检修确认) |

续表

| 防止走错间隔 | ✓ |
|---|---|
| 工作票签发人:张××于××××年××月××日××时××分审核并签发,并向工作负责人详细交代。 | |
| 工作票负责人:李××于××××年××月××日××时××分接受任务并已接受工作票签发人详细交代。 | |
| 9. 运行人员补充的工作地点保留带电部分和安全措施:<br>无补充 | 已执行(运行、检修确认)<br>✓ |
| 值班负责人:杨×× | ××××年××月××日××时××分 |
| 10. 批准结束时间:××××年××月××日××时××分 | |
| 值班长:李××                              工作许可人:杨×× | |
| 11. 上述运行必须采取的安全措施(包括补充部分)已全部正确执行,已经工作许可人和工作负责人共同现场确认完毕。从××××年××月××日××时××分许可工作 | |
| 12. 工作票终结:工作班成员已全部撤离,现场已清扫干净。全部工作于××××年××月××日××时××分结束。 | |
| 工作负责人:李××                          工作许可人:杨×× | |
| 13. 工作票接地线  1组,  接地刀闸  1组,  已拆除  2组,编号  001。<br>安全标示牌已收回。<br>值班负责人:×× | |

(2)断路器预防试验报告案例见表2-2-5。

## 2.2.7 拓展训练

(1)编制本作业危险点(源)辨别预控措施卡。
(2)画出本试验流程图。
(3)完成试验报告,并进行数据分析。

# 2.3 断路器动作电压、分合闸动作特性试验

## 2.3.1 试验仪器及设备

(1)高压开关机械特性测试仪 GCK-F1
(2)温湿度仪
(3)真空断路器 VS1(ZN63A)

## 2.3.2 试验工具

(1)8英寸活口扳手2把
(2)十字、一字螺丝刀各一把
(3)套管扳手一套
(4)电源盘一个、绝缘手套一副

## 2.3.3 操作步骤

### 1. 安全预想
依据作业内容,工作领导人组织作业相关人员召开安全预想会。指出作业风险源,并制

订相应防范措施。

**2. 作业准备**

(1)作业前检查所有仪器、仪表以及其他工器具,确认齐全、工作状态良好。

(2)检查作业基本条件是否满足要求,见表 2-2-10。

表 2-2-10 作业基本条件

| 序号 | 作业基本要求 | 已完成 | 备注 |
|---|---|---|---|
| 1 | 作业工作许可手续办理完毕 | | |
| 2 | 作业人员状态良好,已安排到位 | | |
| 3 | 向作业人员交代工作内容、地点、危险点分析及预控措施 | | |
| 4 | 试验仪器及工器具完好、校验合格,材料齐全、数量充足 | | |
| 5 | 作业人员安全防护设备配备齐全 | | |
| 6 | 作业现场文明生产防护已完成 | | |
| 7 | 设置试验警示围栏 | | |

**3. 办理第一种工作票**

值班人员向工作领导人介绍变电所内设备运行情况。供电调度员通知值班人员准许作业,值班人员和工作领导人根据供电调度命令办理相关安全措施手续,开始作业。

**4. 断路器的动作特性测试**

(1)布置好工作现场,检查接地点应牢固可靠。

(2)准备好试验表格,将设备铭牌信息记录在表格中。

(3)拆除断路器外部连线,做好记录。

(4)将断路器外壳与主接地点连接。

(5)需要认真核对断路器图纸,找出断路器的合分闸线圈位置,接线端子及操作电压等级和交直流类型。

(6)确认断路器与外回路无短路、接地。将测试仪的断口试验线按颜色接入断路器 A、B、C 上口触头,颜色分别对应黄、绿、红;将断路器下口触头用黑色试验短路线短接,并接入测试仪的断口试验公共端黑色插孔。

(7)测试断路器合闸动作特性。

①将测试仪电压出线端,接入合闸线圈(直流:红"＋"、黑"－")。使断路器处于分闸状态。

②根据显示屏菜单内容,按【设置】键,按【↑】【↓】键,选择"开关类型""内触发""操作电压"值。

③调整完毕,按下【测试】键,断路器合闸。

④显示屏显示断路器合闸瞬间的数据:"合闸时间,弹跳次数、弹跳时间、同期"等。

⑤记录数据,合闸测试完成。

(8)测试断路器分闸动作特性。

①将测试仪电压出线端,接入分闸线圈(直流:绿"＋"、黑"－")。使断路器处于合闸状态。

②根据显示屏菜单的内容,按【设置】键,按【↑】【↓】键,选择"开关类型""内触发""操作电压"值。

③调整完毕,按下【测试】键,断路器分闸。

④显示屏显示断路器分闸瞬间的数据:"分闸时间,弹跳次数、弹跳时间、同期"等。

⑤记录数据,分闸测试完成。

(9)测试断路器的动作电压。

①合闸动作电压试验。使断路器处于分闸状态,将测试仪电压出线端子,接入合闸线圈两端(直流:红"＋"、黑"－"),调整试验电压为0.85倍额定电压,按下【测试】键,断路器应可靠动作。

②分闸动作电压试验。使断路器处于合闸状态,将测试仪电压出线端子,接入分闸线圈两端(直流:绿"＋"、黑"－"),调整试验电压为0.65倍额定电压,按下【测试】键,断路器应可靠动作。(同方法测试断路器分闸线圈电压调整在30%时应该不动作)。

(10)判断结论。是否合格,若不合格需要分析原因,复测。

(11)收回接地线,恢复断路器连接线。

(12)清理现场(工完、料净、场地清),填写安健环验收卡,见表2-2-11。

表 2-2-11　安健环验收卡

| 序号 | 检查内容 | 标　准 | 检查结果 |
|---|---|---|---|
| 1 | 恢复情况 | 1. 作业工作全部结束。<br>2. 整改项目验收合格。<br>3. 检修脚手架拆除完毕。<br>4. 孔洞、坑道等盖板恢复。<br>5. 临时拆除的防护栏恢复。<br>6. 安全围栏、警示牌等撤离现场。<br>7. 安全措施和隔离措施具备恢复条件 | ☐<br>☐<br>☐<br>☐<br>☐<br>☐<br>☐ |
| 2 | 设备自身状况 | 1. 设备与系统全面连接。<br>2. 设备各入孔、开口部分密封良好。<br>3. 设备标示牌齐全。<br>4. 设备油漆完整。<br>5. 设备管道色环清晰准确。<br>6. 阀门手轮齐全。<br>7. 设备保温恢复完毕 | ☐<br>☐<br>☐<br>☐<br>☐<br>☐<br>☐ |
| 3 | 设备环境状况 | 1. 检修整体工作结束,人员撤出。<br>2. 检修剩余备件材料清理出现场。<br>3. 检修现场废弃物清理完毕。<br>4. 检修用辅助设施拆除结束。<br>5. 临时电源、水源、气源、照明等拆除完毕。<br>6. 工器具及工具箱运出现场。<br>7. 地面铺垫材料运出现场。<br>8. 检修现场卫生整洁 | ☐<br>☐<br>☐<br>☐<br>☐<br>☐<br>☐<br>☐ |

### 2.3.4　试验记录

填写试验数据,试验记录表格见表2-2-12。

表 2-2-12　断路器动作电压、分合闸动作特性试验

| 真空断路器试验记录 | | | | | | | |
|---|---|---|---|---|---|---|---|
| 工程名称 | | | | | 试验时间 | | |
| 检修性质 | A 级修 | | 环境温度 | | 环境湿度 | | |
| 断路器名称 | | | | | | | |
| 断路器型号 | | | | 额定电压 | | | |
| 额定电流 | | | | 开断电流 | | | |
| 分合闸电压 | | | | 标准雷电冲击耐压 | | | |
| 出厂编号 | | | | 生产日期 | | | |
| 生产厂家 | | | | | | | |
| 试验依据:《电力设备预防性试验规程》(DL/T 596—2021) | | | | | | | |
| 机械特性 | 仪器型号 | | | | 仪器编号 | | |
| | 相别 | A | B | C | 线圈动作电压(V) | | 结论 |
| | 合闸时间(ms) | | | | 合闸 80% | | |
| | 合闸弹跳时间(ms) | | | | | | |
| | 分闸时间(ms) | | | | 分闸 60% | | |
| | 相间合闸同期差(ms) | | | | | | |
| | 相间分闸同期差(ms) | | | | 分闸 30% | | |
| 试验负责人 | | | 试验参加人员 | | | | |
| 记录人 | | | 试验单位 | | | | |
| 审核 | | | | | | | |

## 2.3.5　判断依据

(1)断路器的分、合闸同期性应满足下列要求:相间合闸不同期不大于 5 ms;相间分闸不同期不大于 3 ms;同相各断口间,合闸不同期不大于 3 ms;同相各断口间分闸不同期不大于 2 ms,厂家另有规定除外。

(2)并联合闸脱扣器应能在其交流额定电压的 85%～110% 范围或直流额定电压的 80%～110% 范围内可靠动作;并联分闸脱扣器应能在其额定电源电压的 65% ～ 120% 范围内可靠动作,当电源电压低至额定值的 30% 或更低时,不应脱扣。

(3)断路器合、分闸时间与合、分闸不同期,均应符合制造厂的规定;合闸弹跳时间,除制造厂另有规定外,应不大于 2 ms。

## 2.3.6　现场案例

(1)断路器动作电压、分合闸动作特性试验电气作业工作票案例,见表 2-2-13。

表 2-2-13　断路器动作电压、分合闸动作特性试验电气第一种工作票

编号:××××

| 部门:设备维护部 | 班组:电气一次班 |
|---|---|
| 1. 工作负责人(监护人):李×× | |

| | |
|---|---|
| 2. 工作班成员：(10 人以下全填,10 人以上只填 10 人)；殷××、陈××、王×× | 共 3 人 |
| 3. 工作任务：××××10 kV 段 3 号照明断路器动作电压、分合闸动作特性试验 | |
| 工作地点　　××××10 kV 配电室处 | |
| 4. 计划工作时间：自××××年××月××日××时××分开始，至××××年××月××日××时××分 | |
| 5. 电气工作条件(全部停电或部分停电；部分停电必须具体指明工作地点保留哪些带电措施)：<br>停电 | |
| 6. 经危险点分析需检修自理的安全措施(按工作顺序填写执行) | 已执行(检修确认) |
| (1)工作前验电，无电压后方可工作。<br>(2)正确使用工器具和劳动防护用品 | 1. √<br>2. √ |
| 7. 需要采取的措施 | 已执行(运行确认) |
| (1)断开 10 kV 段 3 号照明变压器高压断路器，并断开其二次回路开关，在开关操作把手上挂"禁止合闸、有人工作"标示牌。 | 1. √ |
| (2)合上 10 kV 段照明变电柜接地刀闸。 | 2. √ |
| (3)在 10 kV 段照明变电柜本体挂"在此工作"标示牌 | 3. √ |
| 8. 安全注意事项 | 已执行(检修确认) |
| 防止走错间隔 | √ |
| 工作票签发人：张××于 2015 年××月××日××时××分审核并签发，并向工作负责人详细交代。 | |
| 工作票负责人：李××于 2015 年××月××日××时××分接受任务并已接受工作票签发人详细交代。 | |
| 9. 运行人员补充的工作地点保留带电部分和安全措施：<br>无补充 | 已执行(运行、检修确认)<br>√ |
| 值班负责人：杨×× | ××××年××月××日××时××分 |
| 10. 批准结束时间：××××年××月××日××时××分 | |
| 值班长：李××　　　　　　　　　　工作许可人：杨×× | |
| 11. 上述运行必须采取的安全措施(包括补充部分)已全部正确执行，已经工作许可人和工作负责人共同现场确认完毕。从××××年××月××日××时××分许可工作 | |
| 12. 工作票终结：工作班成员已全部撤离，现场已清扫干净。全部工作于××××年××月××日××时××分结束。<br>工作负责人：李××　　　　　　　　工作许可人：杨×× | |
| 13. 工作票接地线　1组，接地刀闸　1组，已拆除　2组，编号　001。<br>安全标示牌已收回。<br>值班负责人：×× | |

(2)断路器预防试验报告案例见表 2-2-5。

## 2.3.7　拓展训练

(1) 编制本作业危险点(源)辨别预控措施卡。

(2)画出本试验流程图。

(3)完成试验报告，并进行数据分析。

## 2.4 断路器交流耐压试验

### 2.4.1 试验仪器及设备

(1)现场测试专用控制箱 KZX05-HⅡ

(2)交直流分压器 FRC-100 kV

(3)试验变压器 YDJZ700(0～50 kV)

(4)绝缘电阻表 DMG2673

(5)绝缘电阻表 MODEL3132A

(6)温湿度仪

(7)真空断路器 VS1(ZN63A)

### 2.4.2 试验工具

(1)8英寸活口扳手2把

(2)十字、一字螺丝刀各一把

(3)套管扳手一套

(4)短路线3根、接地线2根

(5)电源盘一个、绝缘手套一副

### 2.4.3 操作步骤

**1. 安全预想**

依据作业内容,工作领导人组织作业相关人员召开安全预想会。指出作业风险源,并制订相应防范措施。

**2. 作业准备**

(1)作业前检查所有仪器、仪表,以及其他工器具,确认齐全、工作状态良好。

(2)检查作业基本条件是否满足要求,见表2-2-14。

表 2-2-14 作业基本条件

| 序号 | 作业基本要求 | 已完成 | 备注 |
|---|---|---|---|
| 1 | 作业工作许可手续办理完毕 | | |
| 2 | 作业人员状态良好,已安排到位 | | |
| 3 | 向作业人员交代工作内容、地点、危险点分析及预控措施 | | |
| 4 | 试验仪器及工器具完好、校验合格,材料齐全、数量充足 | | |
| 5 | 作业人员安全防护设备配备齐全 | | |
| 6 | 作业现场文明生产防护已完成 | | |
| 7 | 设置试验警示围栏 | | |

**3. 办理第一种工作票**

值班人员向工作领导人介绍所内设备运行情况。供电调度员通知值班人员准许作业,值班人员和工作领导人根据供电调度员命令办理相关安全措施手续,开始作业。

**4. 断路器交流耐压试验**

(1)开工前布置好工作现场,试验现场应装设遮栏或围栏,并悬挂"止步、高压危险"的标示牌。检查接地点应牢固可靠。

(2)准备好试验表格,将设备铭牌信息记录在表格中。

(3)拆除断路器外部连线,将断路器外壳与主接地点连接。

(4)使断路器处在合闸状态。

(5)测量断路器合闸绝缘电阻,合格后方可进行交流耐压试验。

①使用 DMG2673 绝缘电阻测试仪,电压选择 2 500 V。

②将断路器上口触头 A、B、C 三相用短接线短接,断路器下口触头 A、B、C 三相用短接线短接;将绝缘电阻测试仪"E"端(黑线)接地,绝缘电阻测试仪"L"端(红线)接断路器上口触头,测量断路器绝缘电阻。

(6)接线。

① 将交流耐压测试控制箱接地端、试验变压器接地端、分压器接地端与主接地点相连。

② 将交流耐压测试控制箱 KZX05-HⅡ二次交流输出端,接入试验变压器 YDJZ700(0~50kV)的二次电流输入端;试验变压器的仪表端(蓝线)接控制箱的仪表端。

③ 将分压器仪表输出端接入分压器的电压测试仪表输入端;分压器高压端接入试验变压器高压输出端。

④ 检查接线、接地正确牢固。

(7)测试断路器合闸状态的耐压。

① 将断路器上口触头 A、B、C 三相用短接线短接,断路器下口触头 A、B、C 三相用短接线短接,断路器处于合闸状态。

②将试验变压器高压输出端与断路器上口触头相连。

③ 开始测试:调节控制箱旋钮开始升压,观察分压器电压仪表的电压值,当分压器电压仪表显示电压到达规定值时,按下控制箱【计时】按钮,60 s 内设备无放电、无击穿后,旋转控制箱旋钮降压,将测试电压缓慢降低到零值。断路器合闸耐压测试完成。

若试验过程中,出现异常情况,要随时将测试电压降低到零值,并断开电源,对断路器放电后,查找原因。

(8)复测断路器合闸状态的绝缘电阻。

(9)测试断路器分闸状态的耐压。

①使断路器处于分闸状态。

②将断路器上口触头 A、B、C 三相用短接线短接,断路器下口触头 A、B、C 三相用短接线短接并接地。

③将试验变压器高压输出端与断路器上口触头相连。

④开始测试:调节控制箱旋钮开始升压,观察分压器电压仪表的电压值,当分压器电压仪表显示电压到达规定值时,按下控制箱【计时】按钮,60 s 内设备无放电、无击穿后,旋转控制箱旋钮降压,将测试电压缓慢降低到零值。断路器分闸状态耐压测试完成。

若试验过程中,出现异常情况,要随时将测试电压降低到零值,并断开控制箱电源,对断路器放电后,查找原因。

(10)测试断路器分闸状态的绝缘电阻。

①断路器处于分闸状态,使用 DMG2673 绝缘电阻测试仪,电压选择 2 500 V。

②将断路器上口触头 A、B、C 三相用短接线短接,断路器下口触头 A、B、C 三相用短接线短接并接地;将绝缘电阻测试仪"E"端(黑线)接地,绝缘电阻测试仪"L"端(红线)接断路器上口。测量断路器分闸绝缘电阻。

(11)分析、判断测试数据。

若测试数据合格,收回接地线,清理现场(工完、料净、场地清),填写安健环验收卡,见表 2-2-15。

表 2-2-15　安健环验收卡

| 序号 | 检查内容 | 标　　准 | 检查结果 |
|---|---|---|---|
| 1 | 恢复情况 | 1. 作业工作全部结束。<br>2. 整改项目验收合格。<br>3. 检修脚手架拆除完毕。<br>4. 孔洞、坑道等盖板恢复。<br>5. 临时拆除的防护栏恢复。<br>6. 安全围栏、警示牌等撤离现场。<br>7. 安全措施和隔离措施具备恢复条件 | ☐<br>☐<br>☐<br>☐<br>☐<br>☐<br>☐ |
| 2 | 设备自身状况 | 1. 设备与系统全面连接。<br>2. 设备各入孔、开口部分密封良好。<br>3. 设备标示牌齐全。<br>4. 设备油漆完整。<br>5. 设备管道色环清晰准确。<br>6. 阀门手轮齐全。<br>7. 设备保温恢复完毕 | ☐<br>☐<br>☐<br>☐<br>☐<br>☐<br>☐ |
| 3 | 设备环境状况 | 1. 检修整体工作结束,人员撤出。<br>2. 检修剩余备件材料清理出现场。<br>3. 检修现场废弃物清理完毕。<br>4. 检修用辅助设施拆除结束。<br>5. 临时电源、水源、气源、照明等拆除完毕。<br>6. 工器具及工具箱运出现场。<br>7. 地面铺垫材料运出现场。<br>8. 检修现场卫生整洁 | ☐<br>☐<br>☐<br>☐<br>☐<br>☐<br>☐<br>☐ |

## 2.4.4　试验记录

填写试验数据,试验记录表格见表 2-2-16。

表 2-2-16　断路器交流耐压试验记录

| 真空断路器试验记录 | | | |
|---|---|---|---|
| 工程名称 | | 试验时间 | |
| 检修性质 | 环境温度 | 环境湿度 | |
| 断路器名称 | | | |
| 断路器型号 | | 额定电压 | |
| 额定电流 | | 开断电流 | |
| 分合闸电压 | | 标准雷电冲击耐压 | |
| 出厂编号 | | 生产日期 | |

续表

| 生产厂家 | | | | | |
|---|---|---|---|---|---|
| | 试验依据：《电力设备预防性试验规程》(DL/T 596—2021) | | | | |
| 交流耐压 | 仪器型号 | | | 仪器编号 | |
| | 相别 | 试验电压(kV) | | 加压时间(s) | 结论 |
| | 合闸对地及相间 | | | 60 | |
| | 分闸断口间 | | | 60 | |
| 试验负责人 | | 试验参加人员 | | | |
| 记录人 | | 试验单位 | | | |
| 审核 | | | | | |

## 2.4.5　试验标准

(1)一般应先进行低电压试验,再进行高电压试验。应在绝缘电阻测量之后,再进行介损及电容量测量,试验数据正常方可进行交流耐压试验和局部放电测试。交流耐压试验前后还应重复介损、电容量测量,以判断耐压试验前后试品的绝缘有无击穿。

(2)耐压试验属于破坏性试验,试验前后均应进行绝缘电阻测试,且耐压前后绝缘电阻相差不应超过30%。

(3)交流耐压前后绝缘电阻应无明显变化,且无过热、击穿现象。交流耐压试验属于破坏性试验,需要在非破坏试验指标合格后进行。

(4)参考电压(表2-2-17)

表2-2-17　参考电压

| 电压等级(kV) | 3 | 6 | 10 | 15 | 20 | 35 | 66 |
|---|---|---|---|---|---|---|---|
| 试验电压(kV) | 15 | 21 | 30 | 38 | 47 | 72 | 120 |

## 2.4.6　现场案例

(1)断路器交流耐压试验电气作业工作票案例见表2-2-18。

表2-2-18　断路器交流耐压试验电气第一种工作票

编号:××××

| 部门:设备维护部 | | 班组:电气一次班 |
|---|---|---|
| 1. 工作负责人(监护人):李×× | | |
| 2. 工作班成员:(10人以下全填,10人以上只填10人):殷××、陈××、王×× | | 共3人 |
| 3. 工作任务:××××10 kV段4号照明断路器交流耐压试验。 | | |
| 工作地点 | ××××10 kV配电室处 | |
| 4. 计划工作时间:自××××年××月××日××时××分开始,至××××年××月××日××时××分 | | |
| 5. 电气工作条件(全部停电或部分停电;部分停电必须具体指明工作地点保留哪些带电措施):<br>停电 | | |
| 6. 经危险点分析需检修自理的安全措施(按工作顺序填写执行) | | 已执行(检修确认) |

| | |
|---|---|
| (1)工作前验电,无电压后方可工作。<br>(2)正确使用工器具和劳动防护用品 | 1. √<br>2. √ |
| 7. 需要采取的措施 | 已执行(运行确认) |
| (1)断开 10 kV 段 4 号照明变压器高压断路器,并断开其二次回路开关,在开关操作把手上挂"禁止合闸、有人工作"标示牌。<br>(2)合上 10 kV 段照明变电柜接地刀闸。<br>(3)在 10 kV 段照明变电柜本体挂"在此工作"标示牌 | 1. √<br><br><br>2. √<br>3. √ |
| 8. 安全注意事项 | 已执行(检修确认) |
| 防止走错间隔 | √ |
| 工作票签发人:张××于××××年××月××日××时××分审核并签发,并向工作负责人详细交代 | |
| 工作票负责人:李××于××××年××月××日××时××分接受任务并已接受工作票签发人详细交代 | |
| 9. 运行人员补充的工作地点保留带电部分和安全措施:<br>无补充 | 已执行(运行、检修确认)<br>√ |
| 值班负责人:杨×× | ××××年××月××日××时××分 |
| 10. 批准结束时间:××××年××月××日××时××分 | |
| 值班长:李×× | 工作许可人:杨×× |
| 11. 上述运行必须采取的安全措施(包括补充部分)已全部正确执行,已经工作许可人和工作负责人共同现场确认完毕。从××××年××月××日××时××分许可工作 | |
| 12. 工作票终结:工作班成员已全部撤离,现场已清扫干净。全部工作于××××年××月××日××时××分结束。<br>工作负责人:李××  工作许可人:杨×× | |
| 13. 工作票接地线  1组,接地刀闸  1组,已拆除  2组,编号  001。<br>安全标示牌已收回。<br>值班负责人:×× | |

(2)断路器预防试验报告案例见表 2-2-5。

## 2.4.7 拓展训练

(1)编制本作业危险点(源)辨别预控措施卡。

(2)画出本试验流程图。

(3)完成试验报告,并进行数据分析。

项目考核单

| 作业项目 | | 断路器预防试验 | | | |
|---|---|---|---|---|---|
| 序号 | 考核项 | 得分条件 | 评分标准 | 配分 | 扣分 |
| 1 | 试验准备 | □1. 正确摆放试验设备。<br>□2. 准备绝缘工具、接地线、电工工具和试验用接线及接线钩叉,鳄鱼夹等。<br>□3. 能进行室内温度湿度检查。<br>□4. 能进行仪器设备安全检查。<br>□5. 能进行工具安全检查。<br>□6. 能用万用表检查试验电源 | 未完成1项扣2分,扣分不得超过12分 | 12 | |

续表

| 作业项目 | | 断路器预防试验 | | | |
|---|---|---|---|---|---|
| 序号 | 考核项 | 得分条件 | 评分标准 | 配分 | 扣分 |
| 2 | 安全措施 | □1. 试验人员穿绝缘鞋、戴安全帽、工作服穿戴整齐。<br>□2. 检查被试品是否带电。<br>□3. 接好接地线,对断路器进行充分放电(使用放电棒)。<br>□4. 设置合适的围栏并悬挂标示牌。<br>□5. 试验前,对断路器外观进行检查,并进行清扫 | 未完成1项扣3分,扣分不得超过15分 | 15 | |
| 3 | 断路器及仪器仪表铭牌参数抄录 | □1. 对与试验有关的断路器铭牌参数进行抄录。<br>□2. 选择合适的仪器仪表,并抄录仪器仪表参数、编号、厂家等。<br>□3. 检查仪器仪表合格证是否在有效期内。<br>□4. 索取历年试验数据 | 未完成1项扣2分,扣分不得超过8分 | 8 | |
| 4 | 试验接线 | □1. 仪器摆放整齐规范。<br>□2. 接线布局合理。<br>□3. 仪器、断路器地线,连接牢固良好 | 未完成1项扣3分,扣分不得超过9分 | 9 | |
| 5 | 试品带电试验 | □1. 接好试品、操作仪器,如果需要则缓慢升压。<br>□2. 升压时进行呼唤应答。<br>□3. 升压过程中,注意表计指示。<br>□4. 电压升到试验要求值,正确记录表计指示数。<br>□5. 读取数据后,仪器复位,断掉仪器开关,拉开电源刀闸,拔出仪器电源插头。<br>□6. 用放电棒对被试品放电 | 未完成1项扣3分,扣分不得超过18分 | 18 | |
| 6 | 试验现场恢复 | □1. 将试验设备及部件整理恢复原状。<br>□2. 填写安健环验收卡 | 未完成1项扣3分,扣分不得超过6分 | 6 | |
| 7 | 资料信息查询 | □1. 能在规定时间内查询所需资料。<br>□2. 能正确查询断路器预防试验方法依据标准。<br>□3. 能正确查询断路器预防试验判定规范。<br>□4. 能正确记录所需资料编号。<br>□5. 能正确记录试验过程存在的问题 | 未完成1项扣2分,扣分不得超过10分 | 10 | |
| 8 | 数据判读分析 | □1. 能正确读取数据。<br>□2. 能正确记录试验过程中数据。<br>□3. 能正确进行数据计算。<br>□4. 能正确进行数据分析。<br>□5. 能根据数据得出试验结论。<br>□6. 能根据数据完成试验报告 | 未完成1项扣2分,扣分不得超过12分 | 12 | |
| 9 | 方案制订与报告撰写 | □1. 字迹清晰。<br>□2. 语句通顺。<br>□3. 无错别字。<br>□4. 无涂改。<br>□5. 无抄袭 | 未完成1项扣2分,扣分不得超过10分 | 10 | |
| 合计 | | | | 100 | |

# 项目 3
# 互感器预防试验

## 项目任务单

| 作业项目 | | 互感器预防试验 |
|---|---|---|
| 序号 | 明细 | 作业内容、标准及图例 |
| 1 | 适用范围 | 适用于 10 kV 及以上互感器预防性试验作业 |
| 2 | 编制依据 | (1)《电气装置安装工程电气设备交接试验标准》。<br>(2)《电力设备预防性试验规程》。<br>(3)《水电站电气设备预防性试验规程》。<br>(4)《电力设备预防性试验规程》。<br>(5)互感器产品说明书 |
| 3 | 作业流程 |  作业前准备 → 召开预想会、开工会、制订安全措施 → 对设备进行试验，处理发现的缺陷 → 试验完毕，确认设备可以投入运行 → 作业结束，办理收工手续 → 填写记录 |

| | | 试验项目 | 试验内容 |
|---|---|---|---|
| 4 | 试验项目及内容 | 3.1 互感器绝缘电阻测试 | (1)电压互感器绕组绝缘电阻测试。<br>(2)电流互感器绕组绝缘电阻测试 |
| | | 3.2 互感器直流电阻测试 | (1)电压互感器绕组直流电阻测试。<br>(2)电流互感器绕组直流电阻测试 |
| | | 3.3 互感器极性、变比、伏安特性测试 | (1)电压互感器极性、变比、伏安特性测试。<br>(2)电流互感器极性、变比、伏安特性测试 |
| | | 3.4 电流互感器交流耐压试验 | (1)一次绕组耐压测试。<br>(2)二次绕组耐压测试 |
| | | 3.5 电压互感器交流耐压试验 | (1)一次绕组耐压测试。<br>(2)二次绕组耐压测试 |

86

| 5 | 准备工作 | 人员准备 | 分工 | 人数 | 要求 | 职责 |
|---|---|---|---|---|---|---|
| | | | 作业人员 | 3人 | 安全等级二级及以上 | 试验作业 |
| | | | 安全监护人员 | 1人 | 安全等级三级及以上 | 监控现场作业安全 |
| | | | 验收人员 | 1人 | 安全等级三级及以上 | 对试验情况进行监督和验收 |

| | | | 名称 | 规格 | 单位 | 数量 |
|---|---|---|---|---|---|---|
| | | 工具准备 | 温湿度仪 | 误差±1 ℃ | 个 | 1 |
| | | | 兆欧表 | 2 500～5 000 V | 块 | 1 |
| | | | 绝缘电阻测试仪 | DMG2673 | 套 | 1 |
| | | | 绝缘电阻测试仪 | MODEL3132A | 套 | 1 |
| | | | 直流电阻测试仪 | 0.5级 | 套 | 1 |
| | | | 现场测试专用控制箱 | KZX05-HⅡ | 套 | 1 |
| | | | 试验变压器 | 0～50 kV | 套 | 1 |
| | | | 交直流分压器 | FRC-100 kV | 套 | 1 |
| | | | 电压表、电流表 | 根据需要 | 块 | 若干 |
| | | | 万用表 | 根据需要 | 块 | 若干 |
| | | | 电源线和试验接线、电缆盘 | 根据需要 | 套 | 若干 |
| | | | 安全、防护、个人工具及其他工具根据具体作业内容携带 | | | |

| | | | 名称 | 规格 | 单位 | 数量 |
|---|---|---|---|---|---|---|
| | | 材料准备 | 试验连线 | — | 根 | 若干 |
| | | | 白布带 | — | 卷 | 2 |
| | | | 根据具体作业内容携带相应材料 | | | |

| 6 | 主要风险及控制 | 风险点 | 控制措施 |
|---|---|---|---|
| | | 触电伤害 | (1)试验人员与带电设备保持足够安全距离。<br>(2)试验设备周围设隔离围栏,防止其他无关人员误闯入作业区。<br>(3)试验区域设有专人监护,一旦发现异常应立刻断开电源停止试验,查明原因并排除后方可继续试验。<br>(4)试验仪器外壳可靠接地。<br>(5)试验后应对设备充分放电 |
| | | 高处坠落 | (1)登高作业,应系好安全带;安全带要系在牢固的构件上。<br>(2)作业人员戴好安全帽并系好帽绳,防止上端掉落材料、工器具,砸伤下方工作人员 |

| 7 | 应急处置 | 关键问题 | 处置方法 |
|---|---|---|---|
| | | 试验作业发现有影响互感器运行的问题,互感器不能正常投运 | 向供电调度员请示将该互感器退出运行,用备用互感器替代运行 |

续表

| | | 关键问题 | 处置方法 |
|---|---|---|---|
| **8** | **结果分析** | 结果判断 | (1)绕组绝缘电阻与初始值及历次数据比较,不应有显著变化(如超过50%)。<br>(2)电压等级在35 kV以下的互感器,电压比小于3的互感器电压比允许偏差为±1%。<br>(3)交流耐压前后绝缘电阻应无明显变化,且无过热、击穿等现象。<br>(4)交流耐压试验属于破坏性试验,需要在非破坏试验指标合格后进行 |
| | | 技术标准 | (1)安装时,绝缘电阻值 $R_{60}$ 不应低于出厂试验时绝缘电阻测量值的70%。<br>(2)预防性试验时,绝缘电阻值 $R_{60}$ 不应低于安装或大修后、投入运行前的测量值的50%。<br>(3)进行互感器特性测试时,互感器接头的电压比与铭牌值相比,不应有显著差别。变比大于3时,误差须小于0.5%;变比小于等于3时,误差须小于1%。<br>(4)耐压试验属于破坏性试验,试验前后均应进行绝缘电阻测试,且耐压前后绝缘电阻相差不应超过30% |
| | | 注意事项 | (1)测量绝缘电阻时,非被测端所有引线端短接并接地,以免剩余电荷造成的测量误差。<br>(2)绝缘电阻需要进行温度换算。测试结果的分析判断最重要的方法是与出厂试验比较,比较绝缘电阻时应注意温度的影响。<br>(3)互感器极性试验时,要区分高压、低压侧接线,不能接反。<br>(4)试验过程中若发现表针摆动或被试品有异响、冒烟、冒火等,应立即降压断电、高压侧接地放电后,查明原因。<br>(5)升压时应呼唤应答。<br>(6)测量前后应对试品进行充分放电。<br>(7)耐压试验高压可致命,操作台须可靠接地 |

# 3.1 互感器绝缘电阻测试

## 3.1.1 试验仪器及设备

(1)绝缘电阻表 DMG2673
(2)绝缘电阻表 MCDEL3132A
(3)温湿度仪
(4)电压互感器 JDZJ-10
(5)电流互感器 LZZBJ9-10

## 3.1.2 试验工具

(1)8英寸活口扳手2把
(2)十字、一字螺丝刀各一把
(3)套管扳手一套
(4)电源盘一个、绝缘手套一副

### 3.1.3　操作步骤

**1. 安全预想**

依据作业内容，工作领导人组织作业相关人员召开安全预想会，指出作业风险源，并制订相应防范措施。

**2. 作业准备**

(1)作业前检查所有仪器仪表，以及其他工器具，确认齐全、工作状态良好。

(2)检查作业基本条件是否满足要求，见表2-3-1。

表 2-3-1　作业基本条件

| 序号 | 作业基本要求 | 已完成 | 备注 |
|------|-------------|--------|------|
| 1 | 作业工作许可手续办理完毕 | | |
| 2 | 作业人员状态良好，已安排到位 | | |
| 3 | 向作业人员交代工作内容、地点、危险点分析预控措施 | | |
| 4 | 试验仪器及工器具完好、校验合格，材料齐全、数量充足 | | |
| 5 | 作业人员安全防护设备配备齐全 | | |
| 6 | 作业现场文明生产防护已完成 | | |
| 7 | 设置试验警示围栏 | | |

**3. 办理第一种工作票**

值班人员向工作领导人介绍变电所内设备运行情况。供电调度员通知值班人员准许作业，值班人员和工作领导人根据供电调度命令办理相关安全措施手续，开始作业。

**4. 测试互感器绕组的绝缘电阻**

(1)开工前布置好工作现场，试验现场应装设遮栏或围栏，并悬挂"止步、高压危险"的标示牌。检查接地点应牢固可靠。

(2)准备好试验表格，将设备铭牌信息记录在表格中。

(3)拆除互感器外部连线，做好记录。

(4)测试电压互感器绝缘电阻。

①测试二次绕组(1a-1n、da-dn)绝缘电阻(使用 MODEL 3132A 绝缘电阻测试仪，电压选择 1 000 V)。

a. 测试二次绕组(1a-1n)绝缘电阻：

将二次绕组(1a-1n)端子短接；

一次绕组(A-N)和二次绕组(da-dn)端子整体短接并接地；

绝缘电阻测试仪"L"端接至二次绕组(1a-1n)上，"E"端接至地线上。

将仪器放在水平面上，按下【启动】按钮，开始测试。记录 1 min 绝缘电阻值，测试完毕对互感器二次绕组(1a-1n)进行接地放电。

b. 测试二次绕组(da-dn)绝缘电阻：将二次绕组(da-dn)端子短接；

一次绕组 A-N 和二次绕组(1a-1n)端子整体短接并接地；

绝缘电阻测试仪"L"端接至二次绕组(da-dn)上，"E"端接至地线上。

将仪器放在水平面上,按下【启动】按钮,开始测试。记录 1 min 绝缘电阻值,测试完毕对互感器二次绕组(da-dn)进行接地放电。

②测试一次绕组(A-N)绝缘电阻(使用 DMG2673 绝缘电阻测试仪,电压选择 2 500 V)。

a. 将一次绕组(A-N)短接;将二次绕组(1a-1n、da-dn)短接并接地。

b. 绝缘电阻测试仪"L"端,接一次绕组(A-N)接线端子,仪表"E"端接地线。

c. 将仪表放在水平面上,按下【启动】按钮,开始测试。需要记录 1 min 绝缘值,测试完毕对互感器一次绕组(A-N)进行接地放电。

(5)测试电流互感器绝缘电阻。

①测试二次绕组(1S1-1S2、2S1-2S2)绝缘电阻(使用 MODEL3132A 绝缘电阻测试仪,电压选择 1 000 V)。

a. 测试二次绕组(1S1-1S2)绝缘电阻:

将二次绕组(1S1-1S2)短接;

一次绕组(P1-P2)和二次绕组(2S1-2S2)整体短接并接地;

将绝缘电阻测试仪"L"端接至二次绕组(1S1-1S2)上,"E"端接至地线上。

将仪器放在水平面上,按下【启动】按钮,开始测试。记录 1 min 绝缘值,测试完毕对互感器二次绕组(1S1-1S2)进行接地放电。

b. 测试二次绕组(2S1-2S2)绝缘电阻:

将二次绕组(2S1-2S2)短接;

一次绕组(P1-P2)和二次绕组(1S1-1S2)整体短接并接地;

绝缘电阻测试仪"L"端接至二次绕组(2S1-2S2)上,"E"端接至地线上。

将仪器放在水平面上,按下【启动】按钮,开始测试。记录 1 min 绝缘值,测试完毕对互感器二次绕组(2S1-2S2)进行接地放电。

②测试一次绕组(P1-P2)绝缘电阻(使用 DMG2673 绝缘电阻测试仪,电压选择 2 500 V)。

a. 将一次绕组(P1-P2)短接;将二次绕组(1S1-1S2、2S1-2S2)整体短接并接地。

b. 绝缘电阻测试仪"L"端接一次绕组(P1-P2)上,仪表"E"端接地线。

c. 将仪表放在水平面上,按下【启动】按钮,开始测试。记录 1 min 绝缘值,测试完毕对互感器一次绕组(P1-P2)进行接地放电。

(6)判断结论是否合格,若不合格需要分析原因,复测。

(7)收回接地线,恢复互感器接线。

(8)清理现场(工完、料净、场地清),填写安健环验收卡,见表 2-3-2。

表 2-3-2　安健环验收卡

| 序号 | 检查内容 | 标　准 | 检查结果 |
|---|---|---|---|
| 1 | 安全措施恢复情况 | 1. 作业工作全部结束。<br>2. 整改项目验收合格。<br>3. 检修脚手架拆除完毕。<br>4. 孔洞、坑道等盖板恢复。<br>5. 临时拆除的防护栏恢复。<br>6. 安全围栏、警示牌等撤离现场。<br>7. 安全措施和隔离措施具备恢复条件 | ☐<br>☐<br>☐<br>☐<br>☐<br>☐<br>☐ |

续表

| 序号 | 检查内容 | 标　准 | 检查结果 |
|---|---|---|---|
| 2 | 设备自身状况 | 1. 设备与系统全面连接。<br>2. 设备各人孔、开口部分密封良好。<br>3. 设备标示牌齐全。<br>4. 设备油漆完整。<br>5. 设备管道色环清晰准确。<br>6. 阀门手轮齐全。<br>7. 设备保温恢复完毕 | ☐<br>☐<br>☐<br>☐<br>☐<br>☐<br>☐ |
| 3 | 设备环境状况 | 1. 检修整体工作结束，人员撤出。<br>2. 检修剩余备件材料清理出现场。<br>3. 检修现场废弃物清理完毕。<br>4. 检修用辅助设施拆除结束。<br>5. 临时电源、水源、气源、照明等拆除完毕。<br>6. 工器具及工具箱运出现场。<br>7. 地面铺垫材料运出现场。<br>8. 检修现场卫生整洁 | ☐<br>☐<br>☐<br>☐<br>☐<br>☐<br>☐<br>☐ |

## 3.1.4　试验记录

填写试验数据，试验记录表格见表 2-3-3。

表 2-3-3　电压互感器绕组绝缘电阻测试试验记录

| 设备 | | | | 试验日期 | |
|---|---|---|---|---|---|
| 检修性质 | A 级检修 | | 环境温度 | 环境湿度 | |
| 型　号 | | | 频　率 | 50 Hz | 额定输出 |
| 极限输出 | | | 额定电压比 | | |
| 绝缘水平 | | | 执行标准 | | 准确级 |
| 制造厂家 | | | | | |
| 出厂编号 | | | | | |
| 出厂时间 | | | | | |
| 绝缘电阻<br>（MΩ） | 试验仪器 | | | 编号 | |
| | 相别 | | 单相 | | |
| | A-N 对其他绕组及地 | | | | |
| | 1a-1n 对其他绕组及地 | | | | |
| | da-dn 对其他绕组及地 | | | | |
| **试验依据：《电力设备预防性试验规程》(DL/T 596—2021)** | | | | | |
| 结论： | | | | | |
| 试验负责人 | | | 试验参加人员 | | |
| 记录人 | | | 审　核 | | |
| 试验单位 | | | | | |

表 2-3-4　电流互感器绕组绝缘电阻测试试验记录

| 电流互感器试验记录 | | | | | |
|---|---|---|---|---|---|
| 设备名称 | | | | | |
| 设备参数 | | | | | |
| 检修性质 | A 修 | 环境温度 | | 环境湿度 | |
| 型号 | | 执行标准 | | 绝缘水平 | |
| 端子标志 | 1S1 1S2 | | 2S1 2S2 | 额定频率 | 50 Hz |
| 额定变比(A) | | | | | |
| 出厂编号 | | | | | |
| 出厂日期 | | | | | |
| 生产厂家 | | | | | |
| 绝缘测试(MΩ) | | | | | |
| 绕组绝缘 | P1-P2 对 1S1-1S2、2S1-2S2 及地 | | 1S1-1S2 对 P1-P2、2S1-2S2 及地 | 2S1-2S2 对 P1-P2、1S1-1S2 及地 | 结论 |
| 相别 | 单相 | | | | |
| 试验仪器 | | | | | |
| 试验依据:《电力设备预防性试验规程》(DL/T 596—2021) | | | | | |
| 试验日期 | | 参加人员 | | | |
| 记录人 | | 审核 | | | |
| 试验单位 | | | | | |

## 3.1.5　判断标准

(1)测试一次绕组时,绝缘电阻表选择 2 500 V 挡位;测试二次绕组时,绝缘电阻表选择 1 000 V 挡位。

(2)绕组绝缘电阻与初始值及历次数据比较,不应有显著变化(如超过 50%)。

(3)测量绝缘电阻时,非被测绕组所有引线端整体短接并接地,避免剩余电荷造成的测量误差。

(4)绝缘电阻值需要进行温度换算。测试结果的分析判断最重要的方法是与出厂试验比较,比较绝缘电阻时应注意温度的影响。

## 3.1.6　现场案例

(1)电压互感器试验报告案例见表 2-3-5 和表 2-3-6。

表 2-3-5　电气试验报告(绕组直流电阻、互感器的极性和变比)

工程名称:35 kV 变电站改造工程　　　　　　　　　　　　　　编号:WD-××××-×××

| 报告名称:电压互感器试验报告 | | | 页码:1/2 |
|---|---|---|---|
| 设备名称:Ⅰ段母线进线柜 YBCB61GH101　　安装位置:下库区 10 kV 配电室 | | | |
| 1. 设备参数 | | | |
| 型号 | JDZX10-10C1G-A | 额定一次电压(kV) | 10.5/√3 |

续表

| 二次绕组(kV) | 额定电压(V) | 准确等级 | 额定输出(V·A) |
|---|---|---|---|
| 1a-1n | $0.1/\sqrt{3}$ | 0.2 | 20 |
| 2a-2n | | | |
| da-dn | 0.1/3 | 3P | 30 |
| 出厂编号 | 6106909-24/27/32 | 生产日期 | ××××.×× |
| 制造厂家 | ××××有限责任公司 | | |

**2. 试验依据**

| 国内标准名称、编号 | 国外标准名称、编号 |
|---|---|
| 《电气装置安装工程　电气设备交接试验标准》(GB 50150—2016) | — |

**3　试验结果**

**3.1　测量绕组直流电阻**

| 试验日期 | ××××.××.×× | 环境温度 | 25.6 ℃ | 相对湿度 | 77％ |
|---|---|---|---|---|---|
| 试验设备/仪表 | MS-510R 直阻测试仪,No:10191213 | | | | |

| 相别 | 绕组 | | | | |
|---|---|---|---|---|---|
| | 一次绕组<br>A-N(Ω) | 二次绕组<br>1a-1n(Ω) | 二次绕组<br>2a-2n(Ω) | 二次绕组<br>3a-3n(Ω) | 二次绕组<br>da-dn(Ω) |
| A | 3 720 | 0.210 | — | — | 0.246 |
| B | 3 720 | 0.208 | — | — | 0.239 |
| C | 3 770 | 0.208 | — | — | 0.242 |

**3.2　互感器的极性检查**

| 试验日期 | ××××.××.×× | 环境温度 | 25.6 ℃ | 相对湿度 | 77％ |
|---|---|---|---|---|---|

| 相别 | 极性 |
|---|---|
| A | 减极性 |
| B | 减极性 |
| C | 减极性 |

**3.3　互感器的变比检查**

| 试验日期 | ××××.××.×× | 环境温度 | 25.6 ℃ | 相对湿度 | 77％ |
|---|---|---|---|---|---|
| 试验设备/仪表 | FA-Ⅱ 互感器伏安变比测试仪,No:121168 | | | | |

| 相别 | 一次电压(kV) | 二次绕组标志 | 标准变比 | 实测变比 |
|---|---|---|---|---|
| A | 10.5 | 1a-1n | 105 | 104.987 |
| | | 2a-2n | — | — |
| | | da-dn | 183.6 | 178.415 |
| B | 10.5 | 1a-1n | 105 | 104.98 |
| | | 2a-2n | — | — |
| | | da-dn | 183.6 | 178.964 |

| 相别 | 一次电压(kV) | 二次绕组标志 | 标准变比 | 实测变比 |
|---|---|---|---|---|
| C | 10.5 | 1a-1n | 105 | 104.066 |
| | | 2a-2n | — | — |
| | | da-dn | 183.6 | 179.092 |

注:电压变比正确。

表 2-3-6　电气试验报告(励磁特性、交流耐压试验及耐压后绝缘电阻)

工程名称:35 kV 变电所改造工程　　　　　　　　　　　　　　　　编号:WD-×××-×××

| 报告名称:电压互感器试验报告 | 页码:2/2 |
|---|---|

设备名称:<u>Ⅰ段母线进线柜 YBCB61GH101</u>　　　　　　　　　安装位置:<u>下库区 10 kV 配电室</u>

3.4 测量励磁特性

2a-2n 励磁特性数据

| 序号 | 电压(V) | 电流(A) | | |
|---|---|---|---|---|
| | | A | B | C |
| 1 | 29 | 0.027 | 0.025 | 0.024 |
| 2 | 46 | 0.042 | 0.037 | 0.034 |
| 3 | 58 | 0.05 | 0.044 | 0.043 |
| 4 | 69 | 0.058 | 0.053 | 0.054 |
| 5 | 110 | 0.102 | 0.096 | 0.086 |
| 6 | | | | |
| 7 | | | | |
| 8 | | | | |
| 9 | | | | |
| 10 | | | | |

3.5　交流耐压试验及耐压后绝缘电阻

| 试验日期 | ××××.××.×× | 环境温度 | 25.6 ℃ | 相对湿度 | 77% |
|---|---|---|---|---|---|
| 试验设备/仪表 | NRGTB-5 kVA/50 kV 试验变压器,No. 202104001 | | | | |

| 相别 | 绕组 | 试前绝缘(MΩ) | 试验电压(kV) | 试验时间(min) | 试后绝缘(MΩ) |
|---|---|---|---|---|---|
| A | A-N | 50 000 | 33.6 | 1 | 50 000 |
| | 1a-1n | 1 000 | 2.5 | 1 | 1 000 |
| | 2a-2n | — | — | — | — |
| | da-dn | 1 000 | 2.5 | 1 | 1 000 |
| B | A-N | 50 000 | 33.6 | 1 | 50 000 |
| | 1a-1n | 1 000 | 2.5 | 1 | 1 000 |
| | 2a-2n | — | — | — | — |
| | da-dn | 1 000 | 2.5 | 1 | 1 000 |
| C | A-N | 50 000 | 33.6 | 1 | 50 000 |
| | 1a-1n | 1 000 | 2.5 | 1 | 1 000 |
| | 2a-2n | — | — | — | — |
| | da-dn | 1 000 | 2.5 | 1 | 1 000 |

续表

| 4. 结论 |
| --- |

以上试验符合规程规范要求,试验结果合格,设备可以投入运行

| 试验人员 | 审核 | 审批 |
| --- | --- | --- |
|  |  |  |
|  |  |  |

(2)电流互感器试验报告案例见表 2-3-7 和表 2-3-8。

表 2-3-7　电气试验报告(绝缘电阻及二次绕阻耐压、特性试验)

工程名称:35 kV 变电所改造工程　　　　　　　　　　　　　　　　　　　　编号:WD-×××-××

| 报告名称 | 电流互感器试验报告 | | | 页码:1/2 | |
| --- | --- | --- | --- | --- | --- |

设备名称:Ⅰ段母线进线柜 YBCB61GH101　　　　　　　　　　　安装位置:下库区 10 kV 配电室

1. 设备参数

| 型号 | LZZBJ9-10C3G1 | | 额定频率 | | 50 Hz |
| --- | --- | --- | --- | --- | --- |
| 绝缘水平 | 12/42/75 kV | | 出厂日期 | | 2021.06 |
| 短时热电流 | 5.0/1 kA | | 额定动稳定电流 | | 12.5 kA |
| 制造厂家 | ××××有限公司 | | | | |
| 出厂编号 | A:2106007719 | | B:2106007723 | | C:2106007721 |
| 二次绕组 | 额定电流比(A) | | 准确等级 | | 额定输出(V・A) |
| 1S1-1S2 | 150/1 | | 0.2 | | 10 |
| 2S1-2S2 | 150/1 | | 5P30 | | 10 |
| 3S1-3S2 | 150/1 | | 5P30 | | 10 |

2. 试验依据

| 国内标准名称、编号 | 国外标准名称、编号 |
| --- | --- |
| 《电气装置安装工程　电气设备交接试验标准》(GB 50150—2016) | — |

3. 绝缘电阻及二次绕组耐压

| 试验日期 | ××××.××.×× | 环境温度 | 24 ℃ | 相对湿度 | 65% |
| --- | --- | --- | --- | --- | --- |
| 试验设备/仪表 | NL3102 兆欧表,No. 20063102037 | | | | |

| 相别 | 一次对二次绕组及地(MΩ) | 1S 对其他绕组及地(MΩ) | 2S 对其他绕组及地(MΩ) | 3S 对其他绕组及地(MΩ) | 4S 对其他绕组及地(MΩ) |
| --- | --- | --- | --- | --- | --- |
| A | 50 000 | 500 | 500 | 500 | — |
| B | 50 000 | 500 | 500 | 500 | — |
| C | 50 000 | 500 | 500 | 500 | — |

二次绕组耐压交流 2 000 V 1 min 通过

4. 特性试验(电阻+变比+极性)

标准:二次绕组的直流电阻和平均值的差距不宜大于 10%,极性必须符合设计要求,并应与铭牌和标志相符

| 试验日期 | ××××.××.×× | 环境温度 | 25 ℃ | 相对湿度 | 78% |
| --- | --- | --- | --- | --- | --- |
| 试验设备/仪表 | FA-Ⅱ互感器伏安特性测试仪,No:121168 | | | | |

续表

| 电阻信息 | | | | | |
|---|---|---|---|---|---|
| 电阻(24 ℃) | | | 1S | 2S | 3S |
| | A | | 3.099 | 5.251 | 5.237 |
| | B | | 3.078 | 5.250 | 5.290 |
| | C | | 3.088 | 5.251 | 5.247 |
| 变比信息 | | | | | |
| 项目 | 相别 | | A | B | C |
| 变比/比差 | 1S | | 150.63 A/1 A | 149.78 A/1 A | 150.24 A/1 A |
| | | | 0.42% | −0.15% | 0.16% |
| | 2S | | 150.23 A/1 A | 149.67 A/1 A | 149.99 A/1 A |
| | | | 0.15% | −0.22% | −0.01% |

表 2-3-8　电气试验报告(2S 励磁特性试验)

工程名称:35 kV 变电所改造工程　　　　　　　　　　　　　　　　编号:WD-××××-××

| 报告名称 | 电流互感器试验报告 | | | 页码:2/2 | |
|---|---|---|---|---|---|
| 设备名称:Ⅰ段母线进线柜 YBCB61GH101 | | | 安装位置:下库区 10 kV 配电室 | | |
| 变比/比差 | 3S | 149.99 A/1 A | 149.64 A/1 A | 149.73 A/1 A | |
| | | −0.01% | −0.24% | −0.18% | |
| 极性 | 1S | 减极性 | 减极性 | 减极性 | |
| | 2S | 减极性 | 减极性 | 减极性 | |
| | 3S | 减极性 | 减极性 | 减极性 | |

5. 2S 励磁特性试验

励磁特性符合产品要求

| 试验日期 | ××××.××.×× | 环境温度 | 24 ℃ | 相对湿度 | 65% |
|---|---|---|---|---|---|
| 试验设备/仪表 | FA-Ⅱ互感器伏安特性测试仪,No:121168 | | | | |

| 励磁信息 | | | | | |
|---|---|---|---|---|---|
| — | A | | B | C | |
| 拐点电压 $V_{kn}$(V) | 440.0 | | 453.0 | 436.0 | |
| 拐点电流 $I_{kn}$(A) | 0.024 | | 0.038 | 0.024 | |
| 电流(A) | 0.1 | 0.3 | 0.5 | 0.6 | 0.8 |
| A 2S(V) | 512.4 | 526.2 | 529.7 | 540.7 | 563.2 |
| B 2S(V) | 506.3 | 525.8 | 523.4 | 533.8 | 557.1 |
| C 2S(V) | 521.0 | 536.3 | 538.4 | 547.8 | 572.6 |

6. 结论及备注

以上试验符合规程规范要求,试验结果合格,设备可以投入运行

| 试验人员 | 审核 | 审批 |
|---|---|---|
| | | |
| | | |

### 3.1.7　拓展训练

（1）编制本作业危险点（源）辨别预控措施卡。

（2）画出本试验流程图。

（3）完成试验报告，并进行数据分析。

# 3.2　互感器直流电阻测试

### 3.2.1　试验仪器及设备

（1）单臂电桥 QJ23

（2）双臂电桥 QJ44

（3）温湿度仪

（4）电压互感器 JDZJ-10

（5）电流互感器 LZZBJ9-10

### 3.2.2　试验工具

（1）8 英寸活口扳手 2 把

（2）十字、一字螺丝刀各一把

（3）套管扳手一套

（4）电源盘一个、绝缘手套一副

### 3.2.3　操作步骤

**1. 安全预想**

依据作业内容，工作领导人组织作业相关人员召开安全预想会，指出作业风险源，并制订相应防范措施。

**2. 作业准备**

（1）作业前检查所有仪器仪表，以及其他工器具，确认齐全、工作状态良好。

（2）检查作业基本条件是否满足要求，见表 2-3-9。

表 2-3-9　作业基本条件

| 序号 | 作业基本要求 | 已完成 | 备注 |
|---|---|---|---|
| 1 | 作业工作许可手续办理完毕 | | |
| 2 | 作业人员状态良好，已安排到位 | | |
| 3 | 向作业人员交代工作内容、地点、危险点分析及预控措施 | | |
| 4 | 试验仪器及工器具完好、校验合格、材料齐全、数量充足 | | |
| 5 | 作业人员安全防护设备配备齐全 | | |
| 6 | 作业现场文明生产防护已完成 | | |
| 7 | 设置试验警示围栏 | | |

**3. 办理第一种工作票**

值班人员向工作领导人介绍变电所内设备运行情况。供电调度员通知值班人员准许作业，值班人员和工作领导人根据供电调度命令办理相关安全措施手续，开始作业。

97

**4. 测试互感器绕组的直流电阻**

(1)布置好工作现场,检查接地点应牢固可靠。

(2)准备好试验表格,将设备铭牌信息记录在表格中。

(3)拆除互感器外部连线,做好记录。

(4)将互感器外壳与主接地点连接。

(5)测试电压互感器直流电阻。

①测试电压互感器一次绕组(A-N)的直流电阻(使用单臂电桥)。

a. 将二次绕组(1a-1n、da-dn)分别悬空,不得接地、短路。

b. 试验线按说明从单臂电桥测试端子引出,红色、黑色线夹分别夹在一次绕组(A-N)的两端。

c. 估测被测电阻值大小,选择适当倍率和适当的检流计灵敏度,先按【B】按钮,并锁住,再按【G】按钮,调步进读数盘,使检流计指针在零位上。

d. 计算被测电阻值:被测电阻值=倍率盘示数×步进盘示数。

②测试互感器二次绕组直流电阻(使用双臂电桥)。

◆测试互感器二次绕组(1a-1n)直流电阻。

a. 将一次绕组(A-N)接线端子、二次绕组(da-dn)接线端子分别悬空,不得接地、短路。

b. 试验线按说明从双臂电桥测试端子引出,红色、黑色线夹分别夹在二次绕组(1a-1n)的两个接线端子 1a、1n 上。

c. 估测被测电阻值大小,选择适当倍率和适当的检流计灵敏度,先按下【B】按钮,并锁住,再按下【G】按钮,调步进读数盘和滑线读数盘,使检流计指针在零位上。

d. 计算被测电阻:被测电阻值=倍率读数×(步进盘读数+滑线盘读数)。

◆测试互感器二次绕组(da-dn)直流电阻。

测试方法与电流互感器二次绕组(1a-1n)的直流电阻测试方法相同。

(6)测试电流互感器直流电阻(使用双臂电桥)。

①测试电流互感器二次绕组(1S1-1S2)直流电阻。

a. 将一次绕组(P1、P2)接线端子及二次绕组(2S1-2S2)接线端子分别悬空,不得接地、短路。

b. 试验线按说明从双臂电桥测试端子引出,红色、黑色线夹分别夹在二次绕组(1S1-1S2)两个端子上。

c. 估测被测电阻值大小,选择适当倍率和适当的检流计灵敏度,先按下【B】按钮,并锁住,再按下【G】按钮,调步进读数盘和滑线读数盘,使检流计指针在零位上。

d. 计算被测电阻:被测电阻值=倍率读数×(步进盘读数+滑线盘读数)。

②测试电流互感器二次绕组(2S1-2S2)直流电阻。

a. 将一次绕组(P1、P2)接线端子及二次绕组(1S1-1S2)接线端子分别悬空,不得接地、短路。

b. 试验线按说明从双臂电桥测试端子引出,红色、黑色线夹分别夹在二次绕组(2S1-2S2)两个端子上。

c. 估测被测电阻值大小,选择适当倍率和适当的检流计灵敏度,先按下【B】按钮,并锁住,再按下【G】按钮,调步进读数盘和滑线读数盘,使检流计指针在零位上。

d. 计算被测电阻:被测电阻值=倍率读数×(步进盘读数+滑线盘读数)。

(7)判断结论是否合格,若不合格需要分析原因,复测。

(8)收回接地线,恢复互感器外部接线。

(9)清理现场(工完、料净、场地清),填写安健环验收卡,见表2-3-10。

表 2-3-10　安健环验收卡

| 序号 | 检查内容 | 标　　准 | 检查结果 |
|---|---|---|---|
| 1 | 恢复情况 | 1. 作业工作全部结束。<br>2. 整改项目验收合格。<br>3. 检修脚手架拆除完毕。<br>4. 孔洞、坑道等盖板恢复。<br>5. 临时拆除的防护栏恢复。<br>6. 安全围栏、警示牌等撤离现场。<br>7. 安全措施和隔离措施具备恢复条件 | ☐<br>☐<br>☐<br>☐<br>☐<br>☐<br>☐ |
| 2 | 设备自身状况 | 1. 设备与系统全面连接。<br>2. 设备各入孔、开口部分密封良好。<br>3. 设备标示牌齐全。<br>4. 设备油漆完整。<br>5. 设备管道色环清晰准确。<br>6. 阀门手轮齐全。<br>7. 设备保温恢复完毕 | ☐<br>☐<br>☐<br>☐<br>☐<br>☐<br>☐ |
| 3 | 设备环境状况 | 1. 检修整体工作结束,人员撤出。<br>2. 检修剩余备件材料清理出现场。<br>3. 检修现场废弃物清理完毕。<br>4. 检修用辅助设施拆除结束。<br>5. 临时电源、水源、气源、照明等拆除完毕。<br>6. 工器具及工具箱运出现场。<br>7. 地面铺垫材料运出现场。<br>8. 检修现场卫生整洁 | ☐<br>☐<br>☐<br>☐<br>☐<br>☐<br>☐<br>☐ |

## 3.2.4　试验记录

填写试验数据,试验记录表格见表2-3-11和表2-3-12。

表 2-3-11　电压互感器绕组直流电阻测试试验记录

| 设备 | | | | 试验日期 | |
|---|---|---|---|---|---|
| 检修性质 | A 级修 | 环境温度 | | 环境湿度 | |
| 型　　号 | | 频率 | 50 Hz | 额定输出 | |
| 极限输出 | | 额定电压比 | | | |
| 绝缘水平 | | 执行标准 | | 准确级 | |
| 制造厂家 | | | | | |
| 出厂编号 | | | | | |
| 出厂时间 | | | | | |
| 直流电阻<br>(Ω) | 试验仪器 | 互感器测试仪 GDHG-106A | | 编号 | 2568 |
| | 相别 | 单相 | | | |
| | A-N | | | | |
| | 1a-1n | | | | |
| | da-dn | | | | |

| 试验依据:《电力设备预防性试验规程》(DL/T 596—2021) | | | |
|---|---|---|---|
| 结论: | | | |
| 试验负责人 | | 试验参加人员 | |
| 记录人 | | 审 核 | |
| 试验单位 | | | |

表 2-3-12　电流互感器绕组直流电阻测试试验记录

| 电流互感器试验记录 | | | | | |
|---|---|---|---|---|---|
| 设备名称 | | | | | |
| 设备参数 | | | | | |
| 检修性质 | A 级修 | 环境温度 | | 环境湿度 | |
| 型号 | | 执行标准 | | 绝缘水平 | |
| 端子标志 | 1S1 1S2 | | 2S1 2S2 | 额定频率 | 50 Hz |
| 额定变比(A) | | | | | |
| 出厂编号 | | | | | |
| 出厂日期 | | | | | |
| 生产厂家 | | | | | |
| 直流电阻测试(Ω) | | | | | |
| 绕组名称 | | | | | |
| 1S1-1S2 | | | | | |
| 2S1-2S2 | | | | | |
| 试验仪器 | | | | | |
| 试验依据:《电力设备预防性试验规程》(DL/T 596—2021) | | | | | |
| 试验日期 | | 参加人员 | | | |
| 记录人 | | 审 核 | | | |
| 试验单位 | | | | | |

## 3.2.5　判断依据

(1)与以前相同部位测得的数值进行比较,其变化不应大于 2%。

(2)温湿度仪主要用于现场环境测量。

若需要温度换算,电阻值按下式换算

$$R_2 = R_1(T + t_2)/(T + t_1)$$

式中　$R_1$,$R_2$——在温度 $t_1$、$t_2$ 时的电阻值;

$T$——计算用常数,铜导线取 235,铝导线取 225。

(3)电压互感器一次绕组用单臂电桥、二次绕组用双臂电桥测试。电流互感器一次、二次绕组均用双臂电桥测试。(电流互感器一次绕组直流电阻一般不要求测试)

### 3.2.6　现场案例

(1)电压互感器试验报告案例见表 2-3-5 和表 2-3-6。

(2)电流互感器试验报告见表 2-3-7 和表 2-3-8。

### 3.2.7　拓展训练

(1)编制本作业危险点(源)辨别预控措施卡。

(2)画出本试验流程图。

(3)完成试验报告,并进行数据分析。

# 3.3　互感器极性、变比、伏安特性测试

### 3.3.1　试验仪器及设备

(1)互感器特性综合测试仪 FA-Ⅱ

(2)温湿度仪

(3)电压互感器 JDZJ-10

(4)电流互感器 LZJC-10

### 3.3.2　试验工具

(1)8 英寸活口扳手 2 把

(2)十字、一字螺丝刀各一把

(3)套管扳手一套

(4)电源盘一个、绝缘手套一副

### 3.3.3　操作步骤

**1. 安全预想**

依据作业内容,工作领导人组织作业相关人员召开安全预想会,指出作业风险源,并制订相应防范措施。

**2. 作业准备**

(1)作业前检查所有仪器仪表,以及其他工器具,确认齐全、工作状态良好。

(2)检查作业基本条件是否满足要求,见表 2-3-13。

表 2-3-13　作业基本条件

| 序号 | 作业基本要求 | 已完成 | 备注 |
|------|------|------|------|
| 1 | 作业工作许可手续办理完毕 | | |
| 2 | 作业人员状态良好,已安排到位 | | |
| 3 | 向作业人员交代工作内容、地点、危险点分析及预控措施 | | |
| 4 | 试验仪器及工器具完好、校验合格,材料齐全、数量充足 | | |
| 5 | 作业人员安全防护设备配备齐全 | | |

续表

| 序号 | 作业基本要求 | 已完成 | 备注 |
|------|------------|--------|------|
| 6 | 作业现场文明生产防护已完成 | | |
| 7 | 设置试验警示围栏 | | |

### 3. 办理第一种工作票

值班人员向工作领导人介绍变电所内设备运行情况。供电调度员通知值班人员准许作业,值班人员和工作领导人根据供电调度命令办理相关安全措施手续,开始作业。

### 4. 测试互感器极性、变比、伏安特性

(1)开工前布置好工作现场,试验现场应装设遮栏或围栏,并悬挂"止步、高压危险"的标示牌。检查接地点应牢固可靠。

(2)准备好试验表格,将设备铭牌信息记录在表格中。

(3)拆除被试互感器外部连线,并做好记录。

(4)将被试设备外壳与主接地点连接。

(5)测试电压互感器极性、变比、伏安特性。

①电压互感器二次绕组(1a-1n)极性、变比测试。

a. 将仪器外壳接地,将电压互感器一次绕组(A-X),二次绕组(da-dn)整体短接并接地。

b. 仪器一次侧输出红线,接互感器一次绕组 A 端;仪器一次侧输出黑线,接互感器一次绕组 X 端;仪器二次输出 S1(K1)、S2(K2)端子分别对应接至电压互感器二次绕组(1a-1n)的两个端子。

c. 开始测试:接通电源线,按下电源开关。

仪器显示屏界面显示"测试类型",在小键盘上,按【↑】【↓】键,选择测试类型"电压互感器(PT)",按【确认】键。

在小键盘上,按【↑】【↓】键,选择"变比、极性",按【确认】键。

在小键盘上,按【设置】键,按【↑】【↓】键,选择互感器变比"10 000/100 V",设置完毕后,按下功率开关。

在小键盘上,按【↑】【↓】键,选择"开始",按【确认】键,此时仪器测试输出。读取仪器显示屏中,互感器变比、极性数值。

在小键盘上,按【↑】【↓】键,选择"返回",读取仪器显示屏显示的互感器角差、比差值,做好记录(角差无要求也可不做记录)。

关闭功率开关,关闭电源开关,测试完毕。

②电压互感器二次绕组(da-dn)极性、变比测试。

a. 将仪器外壳接地,电压互感器一次绕组(A-X),二次绕组(1a-1n)整体短接并接地。

b. 仪器一次侧输出红线,接互感器一次绕组 A 端;仪器一次侧输出黑线,接互感器一次绕组 X 端;仪器二次输出 S1(K1)、S2(K2)端子,分别对应接至电压互感器二次绕组(da-dn)两个端子。

c. 开始测试:接通电源线,按下电源开关。

仪器显示屏界面显示"测试类型",在小键盘上,按【↑】【↓】键,选择测试类型"电压互感器(PT)",按【确认】键。

在小键盘上,按【↑】【↓】键,选择"变比、极性",按【确认】键。

在小键盘上，按【设置】键，按【↑】【↓】键，选择互感器变比"10 000/ 100 V"，设置完毕后，按下功率开关。

在小键盘上，按【↑】【↓】键，选择"开始"，按【确认】键，此时仪器测试输出。读取仪器显示屏中，互感器变比、极性数值。

在小键盘上，按【↑】【↓】键，选择"返回"，读取仪器显示屏显示的互感器角差、比差值，做好记录（角差无要求也可不做记录）。

关闭功率开关，关闭电源开关，测试完毕。

③电压互感器二次绕组(1a-1n)伏安特性测试。

a. 将电压互感器一次绕组(A-X)、二次绕组(da-dn)整体短接并接地。

b. 断开二次绕组(1a-1n)的外部连接线。

c. 将仪器伏安特性输出 S1(K1)、S2(K2)端子，分别对应接至电压互感器二次绕组(1a-1n)的两个端子。

d. 开始测试：接通电源线，按下电源开关。

仪器显示屏界面显示"测试类型"，在小键盘上，按【↑】【↓】键，选择测试类型"电压互感器(PT)"，按【确认】键。

在小键盘上，按【↑】【↓】键，选择"伏安特性"，按【确认】键。

按【设置】键，按【↑】【↓】键，选择"励磁电流、励磁电压"最大输出值，设置完毕后，按下"功率"开关。

在小键盘上，按【↑】【↓】键，选择"开始"，按【确认】键，此时仪器输出，读取仪器显示屏上的测试数值并记录。

关闭"功率"开关，关闭"电源"开关，测试完毕。

④测试电压互感器二次绕组(da-dn)伏安特性。

a. 将电压互感器一次绕组、二次绕组(1a-1n)整体短接并接地。

b. 断开二次绕组(da-dn)的外部连接线。

c. 将仪器伏安特性输出 S1(K1)、S2(K2)端子，分别对应接至电压互感器二次绕组(da-dn)的两个端子上。

d. 开始测试：接通电源线，按下电源开关。

仪器显示屏界面显示"测试类型"，在小键盘上，按【↑】【↓】键，选择测试类型"电压互感器(PT)"，按【确认】键。

在小键盘上，按【↑】【↓】键，选择"伏安特性"，按【确认】键。

按【设置】键，按【↑】【↓】键，选择"励磁电流、励磁电压"最大输出值，设置完毕后，按下功率开关。

在小键盘上，按【↑】【↓】键，选择"开始"，按【确认】键，此时仪器输出，读取仪器显示屏上的测试数值并记录。

关闭功率开关，关闭电源开关，测试完毕。

(6)测试电流互感器极性、变比、伏安特性。

①测试电流互感器二次绕组(1S1-1S2)极性、变比。

a. 将仪器外壳接地，电流互感器二次绕组(2S1-2S2)的两个端子 2S1、2S2 短接并接地。

b. 将仪器一次输出红线接电流互感器一次绕组 P1 端；仪器一次输出黑线接电流互感器一次绕组 P2 端；仪器二次输出 S1(K1)、S2(K2)端子分别对应接至电流互感器二次绕组

(1S1-1S2)的 1S1、1S2 两个端子。

c. 开始测试:接通电源线,按下电源开关。

仪器显示屏界面显示"测试类型",在小键盘上,按【↑】【↓】键,选择测试类型"电流互感器(CT)",按【确认】键。

在小键盘上,按【↑】【↓】键,选择"变比、极性",按【确认】键。

在小键盘上,按【设置】键,按【↑】【↓】键,选择互感器变比"10/5 A",设置完毕后,按下"功率"开关。

在小键盘上,按【↑】【↓】键,选择"开始",按【确认】键,此时仪器测试输出。读取仪器显示屏显示的"变比、极性"数值。

在小键盘上,按【↑】【↓】键,选择"返回",读取仪器显示屏显示的"角差、比差"数值,做好记录(角差无要求也可不做记录)。

关闭"功率"开关,关闭"电源"开关,测试完毕。

②测试电流互感器二次绕组(2S1-2S2)极性、变比。

a. 将仪器外壳接地,电流互感器二次绕组(1S1-1S2)的两个端子 1S1、1S2 短接并接地。

b. 仪器一次输出红线接电流互感器一次绕组 P1 端子;仪器一次输出黑线接电流互感器一次绕组 P2 端子;仪器二次输出 S1(K1)、S2(K2)端子分别对应接至电流互感器二次绕组(2S1-2S2)的 2S1、2S2 两个端子。

c. 电流互感器二次绕组(2S1-2S2)极性、变比测试过程,与电流互感器二次绕组(1S1-1S2)极性、变比测试方法相同。

③测试电流互感器二次绕组(1S1-1S2)伏安特性。

a. 将电流互感器一次绕组两个端子(P1、P2),二次绕组(2S1-2S2)的两个端子 2S1、2S2 均短接并接地。

b. 断开二次绕组(1S1-1S2)的两个端子 1S1、1S2 外部连接线。

c. 将仪器伏安特性输出 S1(K1)、S2(K2)端子,分别对应接至电流互感器二次绕组(1S1-1S2)的两个端子 1S1、1S2 上。

d. 开始测试:接通电源线,按下电源开关。

仪器显示屏界面显示"测试类型",在小键盘上,按【↑】【↓】键,选择测试类型"电流互感器(CT)",按【确认】键。

在小键盘上,按【↑】【↓】键,选择"伏安特性",按【确认】键。

按【设置】键,按【↑】【↓】键,选择"励磁电流、励磁电压"最大输出值,设置完毕后,按下功率开关。

在小键盘上,按【↑】【↓】键,选择"开始",按【确认】键,此时仪器输出,读取仪器显示屏上的测试数值并记录。

关闭功率按键开关,关闭电源开关,测试完毕。

④电流互感器二次绕组(2S1-2S2)伏安特性测试。

a. 将电流互感器一次绕组两个端子(P1、P2),二次绕组(1S1-1S2)的两个端子 1S1、1S2 均短接并接地。

b. 断开二次绕组(2S1-2S2)的两个端子 2S1、2S2 外部连接线。

c. 仪器伏安特性输出 S1(K1)、S2(K2)端子,分别对应接至电流互感器二次绕组(2S1-2S2)的两个端子 2S1、2S2。

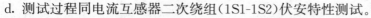

d. 测试过程同电流互感器二次绕组（1S1-1S2）伏安特性测试。

（7）分析、判断测试数据。

若测试数据合格，收回接地线、测试线及测试仪器。恢复互感器接线，清理现场（工完、料净、场地清），填写安健环验收卡，见表 2-3-14。

表 2-3-14　安健环验收卡

| 序号 | 检查内容 | 标　准 | 检查结果 |
|---|---|---|---|
| 1 | 恢复情况 | 1. 作业工作全部结束。<br>2. 整改项目验收合格。<br>3. 检修脚手架拆除完毕。<br>4. 孔洞、坑道等盖板恢复。<br>5. 临时拆除的防护栏恢复。<br>6. 安全围栏、警示牌等撤离现场。<br>7. 安全措施和隔离措施具备恢复条件 | ☐<br>☐<br>☐<br>☐<br>☐<br>☐<br>☐ |
| 2 | 设备自身状况 | 1. 设备与系统全面连接。<br>2. 设备各入孔、开口部分密封良好。<br>3. 设备标示牌齐全。<br>4. 设备油漆完整。<br>5. 设备管道色环清晰准确。<br>6. 阀门手轮齐全。<br>7. 设备保温恢复完毕 | ☐<br>☐<br>☐<br>☐<br>☐<br>☐<br>☐ |
| 3 | 设备环境状况 | 1. 检修整体工作结束，人员撤出。<br>2. 检修剩余备件材料清理出现场。<br>3. 检修现场废弃物清理完毕。<br>4. 检修用辅助设施拆除结束。<br>5. 临时电源、水源、气源、照明等拆除完毕。<br>6. 工器具及工具箱运出现场。<br>7. 地面铺垫材料运出现场。<br>8. 检修现场卫生整洁 | ☐<br>☐<br>☐<br>☐<br>☐<br>☐<br>☐<br>☐ |

## 3.3.4　试验记录

填写试验数据，试验记录表格，见表 2-3-15 和表 2-3-16。

表 2-3-15　电压互感器极性、变比及特性测试记录表

| 型　号 | | 额定一次电压（kV） | |
|---|---|---|---|
| 二次绕组（kV） | 额定电压（V） | 准确等级 | 额定输出（V·A） |
| 1a-1n | | | |
| da-dn | | | |
| 出厂编号 | | 生产日期 | |
| 制造厂家 | | | |
| 1. 试验依据 | 《电力设备预防性试验规程》（DL/T 596—2021） | | |
| 2. 试验结果 | | | |
| 试验日期 | | 环境温度　　℃ | 相对湿度　　% |
| 3.1 极性检查 | | | |

| 绕组 | 1a-1n | da-dn |
|---|---|---|
| 极性 | | |

**3.2 变比测试**

| 相别 | 一次电压(kV) | 二次绕组标志 | 标准变比 | 实测变比 |
|---|---|---|---|---|
| 单相 | 10 | 1a-1n | | |
| | 10 | da-dn | | |

**3.3 测试励磁特性**

| 序号 | 电压(V) | 电流(A) | |
|---|---|---|---|
| | | 1a-1n | da-dn |
| 1 | | | |
| 2 | | | |
| 3 | | | |
| 4 | | | |
| 5 | | | |
| 试验人员 | | | |
| 审核 | | | |
| 试验单位 | | | |

表头中"励磁特性数据"

表 2-3-16  电流互感器极性、变比及特性测试

| 型　　号 | | 额定频率 | |
|---|---|---|---|
| 绝缘水平(kV) | | 出厂日期 | |
| 短时热电流 | | 额定动稳定电流 | |
| 制造厂家 | | | |
| 出厂编号 | | | |
| 二次绕组 | 额定电流(A) | 准确等级 | 额定输出(V·A) |
| 1S1-1S2 | | | |
| 2S1-2S2 | | | |

| 1. 试验依据 | 《电力设备预防性试验规程》(DL/T 596—2021) | | |
|---|---|---|---|

**2. 试验结果**

| 试验日期 | | 环境温度 | ℃ | 相对湿度 | % |
|---|---|---|---|---|---|

**3.1 变比/极性检查**

| 项目 | 相别 | 单相 | |
|---|---|---|---|
| 变比 | 1S1-1S2 | 变比 | A/　A |
| | | 比差 | |
| | 2S1-2S2 | 变比 | A/　A |
| | | 比差 | |

续表

| 极性 | 1S1-1S2 | | | | |
|---|---|---|---|---|---|
| | 2S1-2S2 | | | | |
| 3.2 伏安特性测试 | | | | | |
| 电流 | 0.2(A) | 0.4(A) | 0.5(A) | 0.8(A) | 1(A) |
| 1S1-1S2 (V) | | | | | |
| 2S1-2S2 (V) | | | | | |
| 试验人员 | | | | | |
| 审核 | | | | | |
| 试验单位 | | | | | |

### 3.3.5　试验标准

(1)变比误差要求符合设备精确等级。

(2)进行互感器特性测试时,互感器接头的电压比与铭牌值相比不应有显著差别。变比大于 3 时,误差需小于 0.5%;变比小于等于 3 时,误差需小于 1%。

(3)伏安特性考查绕组的磁饱和特性,一般看曲线是否稳定地线性上升。

### 3.3.6　现场案例

(1)电压互感器试验报告案例见表 2-3-5 和表 2-3-6。

(2)电流互感器试验报告见表 2-3-7 和表 2-3-8。

### 3.3.7　拓展训练

(1)编制本作业危险点(源)辨别预控措施卡。

(2)画出本试验流程图。

(3)完成试验报告,并进行数据分析。

## 3.4　电压互感器交流耐压试验

### 3.4.1　试验仪器及设备

(1)现场测试专用控制箱 KZX05-HⅡ

(2)试验变压器 YDJZ700(0~50 kV)

(3)交直流分压器 FRC-100 kV

(4)绝缘电阻测试仪 DMG2673

(5)绝缘电阻测试仪 MODEL3132A

(6)温湿度仪

(7)电压互感器 JDZJ-10

### 3.4.2　试验工具

(1)8英寸活口扳手2把

(2)十字、一字螺丝刀各一把

(3)套管扳手一套

(4)电源盘一个、绝缘手套一副

### 3.4.3　操作步骤

**1. 安全预想**

依据作业内容,工作领导人组织作业相关人员召开安全预想会,指出作业风险源,并制订相应防范措施。

**2. 作业准备**

(1)作业前检查所有仪器仪表以及其他工器具,确认齐全、工作状态良好。

(2)检查作业基本条件是否满足要求,见表2-3-17。

表2-3-17　作业基本条件

| 序号 | 作业基本要求 | 已完成 | 备注 |
|---|---|---|---|
| 1 | 作业工作许可手续办理完毕 | | |
| 2 | 作业人员状态良好,已安排到位 | | |
| 3 | 向作业人员交代工作内容、地点、危险点分析预控措施 | | |
| 4 | 试验仪器及工器具完好、校验合格,材料齐全、数量充足 | | |
| 5 | 作业人员安全防护设备配备齐全 | | |
| 6 | 作业现场文明生产防护已完成 | | |
| 7 | 设置试验警示围栏 | | |

**3. 办理第一种工作票**

值班人员向工作领导人介绍变电所内设备运行情况。供电调度员通知值班人员准许作业,值班人员和工作领导人根据供电调度命令办理相关安全措施手续,开始作业。

**4. 互感器的交流耐压试验**

(1)开工前布置好工作现场,试验现场应装设遮栏或围栏,并悬挂"止步、高压危险"的标示牌。检查接地点应牢固可靠。

(2)准备好试验表格,将设备铭牌信息记录在表格中。

(3)拆除互感器外部连线,做好记录。若中性点不可拆卸做三相整体对其他绕组及地即可。

(4)将电压互感器外壳与主接地点连接。

(5)进行互感器一次绕组(A-X)交流耐压试验(必须在绝缘电阻测试合格后,方可进行交流耐压试验)。

①将一次绕组(A-X)短接;将二次绕组(1a-1n、da-dn)整体短接并接地。

②测试互感器一次绕组(A-X)绝缘电阻。使用DMG2673绝缘电阻测试仪,电压选择2 500 V。

③将控制箱地线、试验变压器地线、分压器地线与主接地点相连。

④将现场测试专用控制箱 KZX05-HⅡ输出端，接入试验互感器 YDJZ700(0～50 kV)输入端。试验变压器的仪表端(蓝线)接控制箱的仪表端。

⑤将分压器输出端接入分压器的电压测试仪表输入端，分压器高压端接入试验变压器高压端。

⑥将试验变压器高压端接入互感器一次绕组(A-X)端。

⑦检查接线、接地正确牢固。

⑧开始测试：调节控制箱旋钮开始升压，观察分压器电压仪表的电压值，当分压器电压仪表显示电压达到规定值时，按下控制箱计时按钮，60 s 内无放电、无击穿后，将测试电压缓慢降低到零值。互感器一次绕组(A-X)耐压测试完成。

若试验过程中，出现异常情况，要随时将测试电压降低到零值，并断开电源，对互感器放电后，再查找原因。

⑨复测互感器一次绕组(A-X)绝缘。使用 DMG2673 绝缘电阻测试仪，电压选择 2 500 V。

(6)进行互感器二次绕组(1a-1n)交流耐压试验(使用 DMG2673 绝缘电阻测试仪，电压选择 2 500 V)。

①将二次绕组(1a-1n)端子短接；将一次绕组(A-X)和二次绕组(da-dn)端子整体短接并接地。

②测试互感器二次绕组(1a-1n)绝缘电阻。使用 MODEL3132A 绝缘电阻测试仪，电压选择 1 000 V(绝缘合格后方可进行交流耐压测试)。

③将测试仪(DMG2673)"E"端接地，"L"端接入互感器二次绕组(1a-1n)，开始测试。60 s 内无放电、无击穿后，二次绕组(1a-1n)耐压测试完成(二次绕组交流耐压可用 2 500 V 绝缘电阻测试仪代替)。

④复测互感器二次绕组(1a-1n)绝缘电阻。使用 MODEL3132A 绝缘电阻测试仪，电压选择 1 000 V。

(7)进行互感器二次绕组(da-dn)交流耐压试验(使用 DMG2673 绝缘电阻测试仪，电压选择 2 500 V)。

①将二次绕组(da-dn)端子短接；将一次绕组(A-X)和二次绕组(1a-1n)端子整体短接并接地。

②测试互感器二次绕组(da-dn)绝缘电阻。使用 MODEL3132A 绝缘电阻测试仪，电压选择 1 000 V(绝缘合格后方可进行交流耐压测试)。

③将测试仪(DMG2673)"E"端接地，"L"端接入互感器二次绕组(da-dn)，开始测试。60 s 内无放电、无击穿后，二次绕组(da-dn)耐压测试完成(二次绕组交流耐压可用 2 500 V 绝缘电阻测试仪代替)。

④复测互感器二次绕组(da-dn)绝缘电阻。使用 MODEL 3132A 绝缘电阻测试仪，电压选择 1 000 V。

(8)分析、判断测试数据。

若测试数据合格，收回接地线，清理现场(工完、料净、场地清)，填写安健环验收卡，见表 2-3-18。

表 2-3-18　安健环验收卡

| 序号 | 检查内容 | 标　准 | 检查结果 |
|------|----------|--------|----------|
| 1 | 恢复情况 | 1. 作业工作全部结束。<br>2. 整改项目验收合格。<br>3. 检修脚手架拆除完毕。<br>4. 孔洞、坑道等盖板恢复。<br>5. 临时拆除的防护栏恢复。<br>6. 安全围栏、警示牌等撤离现场。<br>7. 安全措施和隔离措施具备恢复条件 | □<br>□<br>□<br>□<br>□<br>□<br>□ |
| 2 | 设备自身状况 | 1. 设备与系统全面连接。<br>2. 设备各入孔、开口部分密封良好。<br>3. 设备标示牌齐全。<br>4. 设备油漆完整。<br>5. 设备管道色环清晰准确。<br>6. 阀门手轮齐全。<br>7. 设备保温恢复完毕 | □<br>□<br>□<br>□<br>□<br>□<br>□ |
| 3 | 设备环境状况 | 1. 检修整体工作结束,人员撤出。<br>2. 检修剩余备件材料清理出现场。<br>3. 检修现场废弃物清理完毕。<br>4. 检修用辅助设施拆除结束。<br>5. 临时电源、水源、气源、照明等拆除完毕。<br>6. 工器具及工具箱运出现场。<br>7. 地面铺垫材料运出现场。<br>8. 检修现场卫生整洁 | □<br>□<br>□<br>□<br>□<br>□<br>□<br>□ |

### 3.4.4　试验记录

填写试验数据,试验记录表格见表 2-3-19。

表 2-3-19　电压互感器交流耐压试验记录

| 设备 | | | | | 试验日期 | |
|------|--|--|--|--|----------|--|
| 检修性质 | A 级修 | | 环境温度 | | 环境湿度 | |
| 型　号 | | | 频　率 | 50 Hz | 额定输出 | |
| 极限输出 | | | 额定电压比 | | | |
| 绝缘水平 | | | 执行标准 | | 准确级 | |
| 制造厂家 | | | | | | |
| 出厂编号 | | | | | | |
| 出厂时间 | | | | | | |

| 交流耐压 | 试验仪器 | | | | | 编号 | |
|----------|----------|--------|--------|--------|--------|------|------|
| | 相别 | 单相 | 绕组 | 频率(Hz) | 一次电压(V) | 时间(s) | 结论 |
| | | | A-X | 50 | | 60 | |
| | | | 1a-1n | 50 | | 60 | |
| | | | da-dn | 50 | | 60 | |

续表

| 试验依据:《电力设备预防性试验规程》(DL/T 596—2021) | | | |
|---|---|---|---|
| 结论: | | | |
| 试验负责人 | | 试验参加人员 | |
| 记录人 | | 审　核 | |
| 试验单位 | | | |

### 3.4.5　试验标准

参考电压见表 2-3-20。

表 2-3-20　参考电压

| 电压等级(kV) | 3 | 6 | 10 | 15 | 20 | 35 | 66 |
|---|---|---|---|---|---|---|---|
| 试验电压(kV) | 15 | 21 | 30 | 38 | 47 | 72 | 120 |

注:加压时间为 60 s。

### 3.4.6　现场案例

(1)电压互感器试验报告案例见表 2-3-5 和表 2-3-6。

(2)电流互感器试验报告见表 2-3-7 和表 2-3-8。

### 3.4.7　拓展训练

(1)编制本作业危险点(源)辨别预控措施卡。

(2)画出本试验流程图。

(3)完成试验报告,并进行数据分析。

# 3.5　电流互感器交流耐压试验

### 3.5.1　试验仪器及设备

(1)现场测试专用控制箱 KZX05-HⅡ

(2)试验变压器 YDJZ700(0~50 kV)

(3)交直流分压器 FRC-100 kV

(4)绝缘电阻测试仪 DMG2673

(5)绝缘电阻测试仪 MODEL3132A

(6)温湿度仪

(7)电流互感器 LZZBJ9-10

### 3.5.2　试验工具

(1)8 英寸活口扳手 2 把

(2)十字、一字螺丝刀各一把

(3)套管扳手一套

(4)电源盘一个、绝缘手套一副

111

### 3.5.3 操作步骤

**1. 安全预想**

依据作业内容,工作领导人组织作业相关人员召开安全预想会,指出作业风险源,并制订相应防范措施。

**2. 作业准备**

(1)作业前检查所有仪器仪表以及其他工器具,确认齐全、工作状态良好。

(2)检查作业基本条件是否满足要求,见表 2-3-21。

表 2-3-21　作业基本条件

| 序号 | 作业基本要求 | 已完成 | 备注 |
|---|---|---|---|
| 1 | 作业工作许可手续办理完毕 | | |
| 2 | 作业人员状态良好,已安排到位 | | |
| 3 | 向作业人员交代工作内容、地点、危险点分析预控措施 | | |
| 4 | 试验仪器及工器具完好、校验合格,材料齐全、数量充足 | | |
| 5 | 作业人员安全防护设备配备齐全 | | |
| 6 | 作业现场文明生产防护已完成 | | |
| 7 | 设置试验警示围栏 | | |

**3. 办理第一种工作票**

值班人员向工作领导人介绍变电所内设备运行情况。供电调度员通知值班人员准许作业,值班人员和工作领导人根据供电调度命令办理相关安全措施手续,开始作业。

**4. 电流互感器的交流耐压试验**

(1)开工前布置好工作现场,试验现场应装设遮栏或围栏,并悬挂"止步、高压危险"的标示牌。检查接地点应牢固可靠。

(2)准备好试验表格,将设备铭牌信息记录在表格中。

(3)拆除互感器外部连线,做好记录。

(4)将电流互感器外壳与主接地点连接。

(5)进行电流互感器一次绕组(P1-P2)耐压试验。

①将一次绕组(P1-P2)短接;将二次绕组(1S1-1S2、2S1-2S2)整体短接并接地。

②测试互感器一次绕组(P1-P2)绝缘电阻。使用 DMG2673 绝缘电阻测试仪,电压选择 2 500 V。(绝缘电阻合格后方可进行交流耐压试验)

③将控制箱地线、试验变压器地线、分压器地线与主接地点相连。

④将现场测试专用控制箱 KZX05-HⅡ输出端接入试验变压器 YDJZ700(0~50 kV)输入端。试验变压器的仪表端(蓝线)接控制箱的仪表端。

⑤将分压器仪表输出端接入分压器的电压测试仪表输入端,分压器高压端接入试验变压器高压端。

⑥将试验变压器高压端接入互感器一次绕组(P1-P2)端子。

⑦检查接线、接地正确牢固。

⑧开始测试:调节控制箱旋钮开始升压,观察分压器电压仪表的电压值,当分压器电压仪

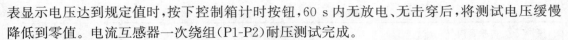

表显示电压达到规定值时,按下控制箱计时按钮,60 s 内无放电、无击穿后,将测试电压缓慢降低到零值。电流互感器一次绕组(P1-P2)耐压测试完成。

若试验过程中,出现异常情况,要随时将测试电压降低到零值,并断开电源,对互感器放电后,再查找原因。

⑨复测互感器一次绕组(P1-P2)绝缘。使用 DMG2673 绝缘电阻测试仪,电压选择 2 500 V。

(6)进行互感器二次绕组(1S1-1S2)交流耐压试验(使用 DMG2673 绝缘电阻测试仪,电压选择 2 500 V)。

①将二次绕组(1S1-1S2)端子短接;将一次绕组(P1-P2)、二次绕组(2S1-2S2)整体短接并接地。

②测试互感器二次绕组(1S1-1S2)绝缘电阻。使用 MODEL3132A 绝缘电阻测试仪,电压选择 1 000 V(绝缘合格后方可进行交流耐压测试)。

③将测试仪(DMG2673)"E"端接地,"L"端接入互感器二次绕组(1S1-1S2),开始测量。60 s 内无放电、无击穿后,二次绕组(1S1-1S2)耐压测试完成(二次绕组交流耐压可用2 500 V 绝缘电阻测试仪代替)。

④复测互感器二次绕组(1S1-1S2)绝缘电阻。使用 MODEL3132A 绝缘电阻测试仪,电压选择 1 000 V。

(7)互感器二次绕组(2S1-2S2)交流耐压试验(使用 DMG2673 绝缘电阻测试仪,电压选择 2 500 V)。

①将二次绕组(2S1-2S2)端子短接;将一次绕组(P1-P2)、二次绕组(1S1-1S2)、整体短接并接地。

②测试互感器二次绕组(2S1-2S2)绝缘电阻。使用 MODEL3132A 绝缘电阻测试仪,电压选择 1 000 V(绝缘合格后方可进行交流耐压测试)。

③将测试仪(DMG2673)"E"端接地,"L"端接入互感器二次绕组(2S1-2S2),开始测量。60 s 内无放电、无击穿后,二次绕组(2S1-2S2)耐压测试完成(二次绕组交流耐压可用2 500 V 绝缘电阻测试仪代替)。

④复测互感器二次绕组(2S1-2S2)绝缘电阻。使用 MODEL3132A 绝缘电阻测试仪,电压选择 1 000 V。

(8)分析、判断测试数据。

若测试数据合格,收回接地线,清理现场(工完、料净、场地清),填写安健环验收卡,见表 2-3-22。

表 2-3-22 安健环验收卡

| 序号 | 检查内容 | 标　　准 | 检查结果 |
|---|---|---|---|
| 1 | 恢复情况 | 1. 作业工作全部结束。<br>2. 整改项目验收合格。<br>3. 检修脚手架拆除完毕。<br>4. 孔洞、坑道等盖板恢复。<br>5. 临时拆除的防护栏恢复。<br>6. 安全围栏、警示牌等撤离现场。<br>7. 安全措施和隔离措施具备恢复条件 | □<br>□<br>□<br>□<br>□<br>□<br>□ |

| 序号 | 检查内容 | 标　准 | 检查结果 |
|---|---|---|---|
| 2 | 设备自身状况 | 1. 设备与系统全面连接。<br>2. 设备各入孔、开口部分密封良好。<br>3. 设备标示牌齐全。<br>4. 设备油漆完整。<br>5. 设备管道色环清晰准确。<br>6. 阀门手轮齐全。<br>7. 设备保温恢复完毕 | ☐<br>☐<br>☐<br>☐<br>☐<br>☐<br>☐ |
| 3 | 设备环境状况 | 1. 检修整体工作结束，人员撤出。<br>2. 检修剩余备件材料清理出现场。<br>3. 检修现场废弃物清理完毕。<br>4. 检修用辅助设施拆除结束。<br>5. 临时电源、水源、气源、照明等拆除完毕。<br>6. 工器具及工具箱运出现场。<br>7. 地面铺垫材料运出现场。<br>8. 检修现场卫生整洁 | ☐<br>☐<br>☐<br>☐<br>☐<br>☐<br>☐<br>☐ |

### 3.5.4　试验记录

填写试验数据，试验记录表格见表 2-3-23。

表 2-3-23　电流互感器交流耐压试验记录

| 电流互感器交流耐压试验记录 | | | | | |
|---|---|---|---|---|---|
| 设备名称 | | | | | |
| 设备参数 | | | | | |
| 检修性质 | A 级修 | 环境温度 | | 环境湿度 | |
| 型号 | | 执行标准 | | 绝缘水平 | |
| 端子标志 | 1S1 1S2 | | 2S1 2S2 | 额定频率 | 50 Hz |
| 额定变比(A) | | | | | |
| 出厂编号 | | | | | |
| 出厂日期 | | | | | |
| 生产厂家 | | | | | |
| 试验仪器 | | | | | |
| 交流耐压/60 s | | | | | |
| 交流耐压 | P1-P2 对 1S1-1S2、2S1-2S2 及地 | 1S1-1S2 对 P1-P2、2S1-2S2 及地 | | 2S1-2S2 对 P1-P2、1S1-1S2 及地 | 结论 |
| 相别 | 单相 | | | | |
| 试验仪器 | | | | | |
| 耐压后绝缘 | | | | | |
| 绕组绝缘 | P1-P2 对 1S1-1S2、2S1-2S2 及地 | 1S1-1S2 对 P1-P2、2S1-2S2 及地 | | 2S1-2S2 对 P1-P2、1S1-1S2 及地 | 结论 |

续表

| 相别 | 单相 | | | |
|---|---|---|---|---|
| 试验依据:《电力设备预防性试验规程》(DL/T 596—2021) | | | | |
| 试验日期 | | 参加人员 | | |
| 记录人 | | 审　核 | | |
| 试验单位 | | | | |

### 3.5.5　试验标准

参考电压见表2-3-24。

表 2-3-24　参考电压

| 电压等级(kV) | 3 | 6 | 10 | 15 | 20 | 35 | 66 |
|---|---|---|---|---|---|---|---|
| 试验电压(kV) | 15 | 21 | 30 | 38 | 47 | 72 | 120 |

注:加压时间为60 s。

### 3.5.6　现场案例

(1)电压互感器试验报告案例见表2-3-5和表2-3-6。
(2)电流互感器试验报告见表2-3-7和表2-3-8。

### 3.5.7　拓展训练

(1)编制本作业危险点(源)辨别预控措施卡。
(2)画出本试验流程图。
(3)完成试验报告,并进行数据分析。

 项目考核单 

| 作业项目 | | 互感器预防试验 | | | |
|---|---|---|---|---|---|
| 序号 | 考核项 | 得分条件 | 评分标准 | 配分 | 扣分 |
| 1 | 试验准备 | ☐1. 正确摆放试验设备。<br>☐2. 准备绝缘工具、接地线、电工工具和试验用接线及接线钩叉,鳄鱼夹等。<br>☐3. 能进行室内温度湿度检查。<br>☐4. 能进行仪器设备安全检查。<br>☐5. 能进行工具安全检查。<br>☐6. 用万用表检查试验电源 | 未完成1项扣2分,扣分不得超过12分 | 12 | |
| 2 | 安全措施 | ☐1. 试验人员穿绝缘鞋、戴安全帽、工作服穿戴整齐。<br>☐2. 检查被试品是否带电。<br>☐3. 接好接地线,对互感器进行充分放电(使用放电棒)。<br>☐4. 设置合适的围栏并悬挂标示牌。<br>☐5. 试验前,对互感器外观进行检查,并进行清扫 | 未完成1项扣3分,扣分不得超过15分 | 15 | |

| 作业项目 | | 互感器预防试验 | | | |
|---|---|---|---|---|---|
| 序号 | 考核项 | 得分条件 | 评分标准 | 配分 | 扣分 |
| 3 | 互感器及仪器仪表铭牌参数抄录 | □1. 对与试验有关的互感器铭牌参数进行抄录。<br>□2. 选择合适的仪器仪表,并抄录仪器仪表参数、编号、厂家等。<br>□3. 检查仪器仪表合格证是否在有效期内。<br>□4. 索取历年试验数据 | 未完成1项扣2分,扣分不得超过8分 | 8 | |
| 4 | 试验接线 | □1. 仪器摆放整齐规范。<br>□2. 接线布局合理。<br>□3. 仪器、互感器地线连接牢固良好 | 未完成1项扣3分,扣分不得超过9分 | 9 | |
| 5 | 试品带电试验 | □1. 接好试品、操作仪器,如果需要则缓慢升压。<br>□2. 升压时进行呼唤应答。<br>□3. 升压过程中,注意表计指示。<br>□4. 电压升到试验要求值,正确记录表计指示数。<br>□5. 读取数据后,仪器复位,断掉仪器开关,拉开电源刀闸,拔出仪器电源插头。<br>□6. 用放电棒对被试品放电 | 未完成1项扣3分,扣分不得超过18分 | 18 | |
| 6 | 试验现场恢复 | □1. 将试验设备及部件整理恢复原状。<br>□2. 填写安健环验收卡 | 未完成1项扣3分,扣分不得超过6分 | 6 | |
| 7 | 资料信息查询 | □1. 能在规定时间内查询所需资料。<br>□2. 能正确查询互感器预防试验方法依据标准。<br>□3. 能正确查询互感器预防试验判定规范。<br>□4. 能正确记录所需资料编号。<br>□5. 能正确记录试验过程存在的问题 | 未完成1项扣2分,扣分不得超过10分 | 10 | |
| 8 | 数据判读分析 | □1. 能正确读取数据。<br>□2. 能正确记录试验过程中数据。<br>□3. 能正确进行数据计算。<br>□4. 能正确进行数据分析。<br>□5. 能根据数据得出试验结论。<br>□6. 能根据数据完成试验报告 | 未完成1项扣2分,扣分不得超过12分 | 12 | |
| 9 | 方案制订与报告撰写 | □1. 字迹清晰。<br>□2. 语句通顺。<br>□3. 无错别字。<br>□4. 无涂改。<br>□5. 无抄袭 | 未完成1项扣2分,扣分不得超过10分 | 10 | |
| 合计 | | | | 100 | |

## 项目任务单

| 作业项目 | | 避雷器预防试验 |
|---|---|---|
| 序号 | 明细 | 作业内容、标准及图例 |
| 1 | 适用范围 | 适用于 35 kV 及以下氧化锌避雷器试验作业 |
| 2 | 编制依据 | (1)《电气装置安装工程　电气设备交接试验标准》。<br>(2)《电力设备预防性试验规程》。<br>(3)《水电站电气设备预防性试验规程》。<br>(4)《电力设备预防性试验规程》。<br>(5)《交流无间隙金属氧化物避雷器》。<br>(6)氧化锌避雷器安装使用说明书 |
| 3 | 作业流程 | 作业前准备 → 召开预想会、开工会、制订安全措施 → 对设备进行试验，处理发现的缺陷 → 试验完毕，确认设备可以投入运行 → 作业结束，办理收工手续 → 填写记录 |

| 序号 | 明细 | 试验项目 | 试验内容 |
|---|---|---|---|
| 4 | 试验项目及内容 | 4.1　避雷器绝缘电阻测试 | 避雷器高压端 A、B、C 对外壳及地绝缘测试 |
| | | 4.2　避雷器直流泄漏电流测试 | (1)直流 1 mA 电压 $U_{1mA}$ 测试。<br>(2)0.75 $U_{1mA}$ 电压下的避雷器泄漏电流测试 |

| 5 | 准备工作 | 人员准备 | 分工 | 人数 | 要求 | 职责 |
|---|---|---|---|---|---|---|
| | | | 作业人员 | 3人 | 安全等级二级及以上 | 试验作业 |
| | | | 安全监护人员 | 1人 | 安全等级三级及以上 | 监控现场作业安全 |
| | | | 验收人员 | 1人 | 安全等级三级及以上 | 对试验情况进行监督和验收 |

| 工具准备 | 名称 | 规格 | 单位 | 数量 |
|---|---|---|---|---|
| | 温湿度仪 | 误差±1 ℃ | 个 | 1 |
| | 兆欧表 | 2 500～5 000 V | 块 | 1 |
| | 绝缘电阻测试仪 | DMG2673 | 套 | 1 |
| | 绝缘电阻测试仪 | MODEL3132A | 套 | 1 |
| | 现场测试专用控制箱 | KZX05-HⅡ | 套 | 1 |
| | 试验变压器 | 0～50 kV | 套 | 1 |
| | 交直流分压器 | FRC-100 kV | 套 | 1 |
| | 直流高压发生器 | ZGF-120 kV/2 mA | 套 | 1 |
| | 微安表 | 根据需要 | 块 | 1 |
| | 电压表、电流表 | 根据需要 | 块 | 若干 |
| | 万用表 | 根据需要 | 块 | 若干 |
| | 电源线和试验接线、电缆盘 | 根据需要 | 套 | 若干 |

安全、防护、个人工具及其他工具根据具体作业内容携带

| 材料准备 | 名称 | 规格 | 单位 | 数量 |
|---|---|---|---|---|
| | 试验连线 | — | 根 | 若干 |
| | 白布带 | — | 卷 | 2 |

根据具体作业内容携带相应材料

| 6 | 主要风险及控制 | 风险点 | 控制措施 |
|---|---|---|---|
| | | 触电伤害 | (1)试验人员与带电设备保持足够安全距离。<br>(2)试验设备周围设隔离围栏，防止其他无关人员误闯入作业区。<br>(3)试验区域设有专人监护，一旦发现异常应立刻断开电源停止试验，查明原因并排除后方可继续试验。<br>(4)试验仪器外壳可靠接地。<br>(5)试验后应对设备充分放电 |

| 7 | 应急处置 | 关键问题 | 处置方法 |
|---|---|---|---|
| | | 作业中发现有影响避雷器运行的问题，避雷器不能正常投运时 | 向供电调度员请示将该避雷器退出运行 |

| 8 | 结果分析 | 结果判断 | (1)测试氧化锌避雷器 $U_{1mA}$，主要是检查阀片是否受潮、老化，确定其动作性能是否符合要求。<br>(2)测试氧化锌避雷器 $0.75U_{1mA}$ 电压下的直流泄漏电流，是检测避雷器长期允许工作电流是否符合规定，一般 $0.75U_{1mA}$ 电压比避雷器最大工作相电压要高一些。 |
|---|---|---|---|
| | | 技术标准 | (1)电压在 35 kV 以上，绝缘电阻值不低于 2 500 MΩ，用 5 000 V 兆欧表测量；电压在 35 kV 以下，绝缘电阻值不低于 1 000 MΩ，用 2 500 V 兆欧表测量。<br>(2)$U_{1mA}$ 实测值与初始值或制造厂规定值比较，变化不大于出 ± 5%，$0.75U_{1mA}$ 电压下的泄漏电流不大于 50 μA。<br>(3)耐压值不得低于规定值 |
| | | 注意事项 | (1)测试前后应对试品进行充分放电。<br>(2)升压时应呼唤应答。<br>(3)测试时记录环境温度，必要时应进行换算，以免出现误判断 |

# 4.1 避雷器绝缘电阻测试

## 4.1.1 试验仪器及设备

(1)绝缘电阻测试仪 DMG2673/2 500 V

(2)温湿度仪

(3)氧化锌避雷器 HY5WS-17/50

## 4.1.2 试验工具

(1) 8 英寸活口扳手 2 把

(2)十字、一字螺丝刀各一把

(3)套管扳手一套

(4)电源盘一个、绝缘手套一副

## 4.1.3 操作步骤

**1. 安全预想**

依据作业内容，工作领导人组织作业相关人员召开安全预想会，指出作业风险源，并制订相应防范措施。

**2. 作业准备**

(1)作业前检查所有仪器仪表，以及其他工器具，确认齐全、工作状态良好。

(2)检查作业基本条件是否满足要求，见表 2-4-1。

表 2-4-1 作业基本条件

| 序号 | 作业基本要求 | 已完成 | 备注 |
|---|---|---|---|
| 1 | 作业工作许可手续办理完毕 | | |
| 2 | 作业人员状态良好，已安排到位 | | |
| 3 | 向作业人员交代工作内容、地点、危险点分析及预控措施 | | |
| 4 | 试验仪器及工器具完好、校验合格，材料齐全、数量充足 | | |

| 序号 | 作业基本要求 | 已完成 | 备注 |
|---|---|---|---|
| 5 | 作业人员安全防护设备配备齐全 | | |
| 6 | 作业现场文明生产防护已完成 | | |
| 7 | 设置试验警示围栏 | | |

### 3. 办理第一种工作票

值班人员向工作领导人介绍所内设备运行情况。供电调度员通知值班人员准许作业,值班人员和工作领导人根据供电调度员命令办理相关安全措施手续,开始作业。

### 4. 测试避雷器的绝缘电阻

(1)开工前布置好工作现场,试验现场应装设遮栏或围栏,并悬挂"止步、高压危险"的标示牌,检查接地点应牢固可靠。

(2)准备好试验表格,将设备铭牌信息记录在表格中。

(3)拆除避雷器外部连线,做好记录。

(4)测量避雷器绝缘电阻。

① 将避雷器地端(底座)接地。

② 使用 DMG2673 绝缘电阻测试仪,电压选择 2 500 V。仪表"L"端接至避雷器高压端 L1,"E"端接至地线上。

③ 将仪表放在水平面上,按【启动】按钮,开始测试。

④ 测试数据由专人记录(需要记录 1 min 时的绝缘电阻值)。测量完毕,仪表断电,并对避雷器放电。

(9)清理现场(工完、料净、场地清),填写安健环验收卡,见表 2-4-2 。

表 2-4-2  安健环验收卡

| 序号 | 检查内容 | 标　准 | 检查结果 |
|---|---|---|---|
| 1 | 恢复情况 | 1. 作业工作全部结束。<br>2. 整改项目验收合格。<br>3. 检修脚手架拆除完毕。<br>4. 孔洞、坑道等盖板恢复。<br>5. 临时拆除的防护栏恢复。<br>6. 安全围栏、警示牌等撤离现场。<br>7. 安全措施和隔离措施具备恢复条件 | ☐<br>☐<br>☐<br>☐<br>☐<br>☐<br>☐ |
| 2 | 设备自身状况 | 1. 设备与系统全面连接。<br>2. 设备各入孔、开口部分密封良好。<br>3. 设备标示牌齐全。<br>4. 设备油漆完整。<br>5. 设备管道色环清晰准确。<br>6. 阀门手轮齐全。<br>7. 设备保温恢复完毕 | ☐<br>☐<br>☐<br>☐<br>☐<br>☐<br>☐ |
| 3 | 设备环境状况 | 1. 检修整体工作结束,人员撤出。<br>2. 检修剩余备件材料清理出现场。<br>3. 检修现场废弃物清理完毕。<br>4. 检修用辅助设施拆除结束。<br>5. 临时电源、水源、气源、照明等拆除完毕。<br>6. 工器具及工具箱运出现场。<br>7. 地面铺垫材料运出现场。<br>8. 检修现场卫生整洁 | ☐<br>☐<br>☐<br>☐<br>☐<br>☐<br>☐<br>☐ |

## 4.1.4　试验记录

填写试验数据,试验记录表格见表 2-4-3。

表 2-4-3　避雷器绝缘电阻测试试验记录

| 氧化锌避雷器绝缘电阻测试试验 | | | | | |
|---|---|---|---|---|---|
| 设备名称 | | | 试验时间 | | |
| 检修性质 | A 级修 | 环境温度 | 环境湿度 | | |
| 型号 | | 额定电压 | | | |
| 大电流耐受 | | 雷电冲击电流下残压 | | | |
| 直流参考电压 | | 出厂编号 | | | |
| 生产厂家 | | | | | |
| 绝缘电阻<br>(GΩ) | 仪器编号 | | 仪器编号 | | |
| | 相别 | A | B | C | 结论 |
| | 耐压前 | | | | |
| | 耐压后 | | | | |
| 1. 35 kV 以上,不低于 2 500 MΩ;<br>2. 35 kV 及以下,不低于 1 000 MΩ | | | | | |
| 试验依据:《电力设备预防性试验规程》(DL/T 596—2021) | | | | | |
| 试验负责人 | | | 试验参加人员 | | |
| 记录人 | | | 审核 | | |
| 试验单位 | | | | | |

## 4.1.5　判断标准

(1)35 kV 以上避雷器,绝缘电阻不低于 2 500 MΩ;

(2)35 kV 及以下避雷器,绝缘电阻不低于 1 000 MΩ。

## 4.1.6　现场案例

(1)电气作业工作票案例见表 2-4-4。

表 2-4-4　电气第一种工作票

编号:××××

| 部门:设备维护部 | 班组:电气一次班 |
|---|---|
| 1. 工作负责人(监护人):李×× | |
| 2. 工作班成员:(10 人以下全填,10 人以上只填 10 人):殷××、陈××、王×× | 共 3 人 |
| 3. 工作任务:××××1 号主变压器柜内避雷器测试 | |
| 工作地点　××××10 kV 配电室 | |
| 4. 计划工作时间:自××××年××月××日××时××分开始,至××××年××月××日××时××分 | |
| 5. 电气工作条件(全部停电或部分停电;部分停电必须具体指明工作地点保留哪些带电措施):<br>停电 | |

| | |
|---|---|
| 6. 经危险点分析需检修自理的安全措施(按工作顺序填写执行) | 已执行(检修确认) |
| (1)工作前验电,无电压后方可工作。<br>(2)正确使用工器具和劳动防护用品 | 1. √<br>2. √ |
| 7. 需要采取的措施 | 已执行(运行确认) |
| (1)断开1号主变压器低压侧主进柜断路器,并断开其二次回路开关,在开关操作把手上挂"禁止合闸、有人工作"标示牌。 | 1. √ |
| (2)断开1号主变压器低压侧隔离开关,并在其操作把手上挂"禁止合闸、有人工作"标示牌。 | 2. √ |
| (3)断开1号主变压器柜高压侧断路器1QF,并断开其控制电源开关,在开关操作把手上挂"禁止合闸、有人工作"标示牌。 | 3. √ |
| (4)合上1号主变压器高压柜内接地刀闸1QE | 4. √ |
| 8. 安全注意事项 | 已执行(检修确认) |
| 防止走错间隔 | √ |
| 工作票签发人:张××于××××年××月××日××时××分审核并签发,并向工作负责人详细交代 | |
| 工作票负责人:李××于××××年××月××日××时××分接受任务并已接受工作票签发人详细交代 | |
| 9. 运行人员补充的工作地点保留带电部分和安全措施:<br>无补充 | 已执行(运行、检修确认)<br>√ |
| 值班负责人:杨×× | ××××年××月××日××时××分 |
| 10. 批准结束时间:××××年××月××日××时××分 | |
| 值班长:李×× 工作许可人:杨×× | |
| 11. 上述运行必须采取的安全措施(包括补充部分)已全部正确执行,已经工作许可人和工作负责人共同现场确认完毕。从××××年××月××日××时××分许可工作 | |
| 12. 工作票终结:工作班成员已全部撤离,现场已清扫干净。全部工作于××××年××月××日××时××分结束。<br>工作负责人:李×× 工作许可人:杨×× | |
| 13. 工作票接地线 1组, 接地刀闸 1组,已拆除 2组,编号 001。<br>安全标示牌已收回。<br>值班负责人:×× | |

(2)避雷器预防试验报告案例见表2-4-5。

表2-4-5 避雷器预防试验报告

| 氧化锌避雷器预防试验 | | | | |
|---|---|---|---|---|
| 设备名称 | 2号炉2B引风机开关 | | 试验时间 | ××××年××月××日 |
| 检修性质 | A级修 | 环境温度 | 19 ℃ | 环境湿度 | 35% |
| 型号 | YH2.5WD1-8/10.7×32 | | 额定电压 | 10 kV |
| 大电流耐受 | 65 kA | | 雷电冲击电流下残压 | 27 kV |
| 直流参考电压 | ≥14.4 kV | | 出厂编号 | 5349 |
| 生产厂家 | ××××有限公司 | | | |
| 绝缘电阻<br>(GΩ) | 仪器编号 | KD2676GH 型兆欧表 | 仪器编号 | 6760912011GH | |
| | 相别 | A | B | C | 结论 |
| | 耐压前 | 20 | 20 | 20 | 合格 |
| | 耐压后 | 20 | 20 | 20 | |

续表

| 1. 35 kV 以上,不低于 2 500 MΩ;<br>2. 35 kV 及以下,不低于 1 000 MΩ | | | | | |
|---|---|---|---|---|---|
| 直流泄漏测量 | 仪器型号 | ZGS-X-Ⅱ直流高压发生器 | 仪器编号 | | 96010 |
| | 相别 | $U_{1mA}$(kV) | $0.75U_{1mA}$泄漏电流($\mu$A) | | 结论 |
| | A | 12.6 | 8 | | 合格 |
| | B | 12.5 | 6 | | 合格 |
| | C | 12.6 | 4 | | 合格 |
| 1. $U_{1mA}$实测值与初始值或制造厂规定值比较,变化不应大于±5%;<br>2. $0.75U_{1mA}$下的泄漏电流不应大于 50 $\mu$A | | | | | |
| 试验依据:《电力设备预防性试验规程》(DL/T 596—2021) | | | | | |
| 试验负责人 | | | 试验参加人员 | | |
| 记录人 | | | 试验单位 | | |
| 审核: | | | | | |

## 4.1.7　拓展训练

1. 编制本作业危险点(源)辨别预控措施卡。
2. 画出本试验流程图。
3. 完成试验报告,并进行数据分析。

# 4.2　避雷器泄漏电流测试

## 4.2.1　试验仪器及设备

(1)直流高压发生器 ZGF-120 kV/2 mA
(2)交直流分压器 FRC-100 kV
(3)绝缘电阻测试仪 DMG2673
(4)绝缘电阻测试仪 MODEL 3132A
(5)温湿度仪
(6)避雷器 S11-M-30/10

## 4.2.2　试验工具

(1)8 英寸活口扳手 2 把
(2)十字、一字螺丝刀各一把
(3)电源盘一个、绝缘手套一副
(4)短路线 3 根、接地线 2 根

## 4.2.3　操作步骤

**1. 安全预想**
依据作业内容,工作领导人组织作业相关人员召开安全预想会,指出作业风险源,并制订相应防范措施。

**2. 作业准备**

(1)作业前检查所有仪表,以及其他工器具,确认齐全、工作状态良好。

(2)检查作业基本条件是否满足要求,见表2-4-6。

表 2-4-6　作业基本条件

| 序号 | 作业基本要求 | 已完成 | 备注 |
|---|---|---|---|
| 1 | 作业工作许可手续办理完毕 | | |
| 2 | 作业人员状态良好,已安排到位 | | |
| 3 | 向作业人员交代工作内容、地点、危险点分析及预控措施 | | |
| 4 | 试验仪器及工器具完好、校验合格,材料齐全、数量充足 | | |
| 5 | 作业人员安全防护设备配备齐全 | | |
| 6 | 作业现场文明生产防护已完成 | | |
| 7 | 设置试验警示围栏 | | |

**3. 办理第一种工作票**

值班人员向工作领导人介绍所内设备运行情况。供电调度员通知值班人员准许作业,值班人员和工作领导人根据供电调度员命令办理相关安全措施手续,开始作业。

**4. 检查相关设备**

检查进线隔离开关、主避雷器高低压断路器、主变保护装置、差动保护装置设备状态良好。

**5. 测试避雷器的泄漏电流**

(1)开工前布置好工作现场,试验现场应装设遮栏或围栏,并悬挂"止步、高压危险"的标示牌。检查接地点应牢固可靠。

(2)准备好试验表格,将设备铭牌信息记录在表格中。

(3)拆除被测避雷器外部连线,将避雷器底座与主接地点连接,并做好记录。

(4)将直流高压发生器接地端、被测避雷器底座接地端、分压器接地端与主接地点相连。

(5)安装直流高压发生器上的微安表,连接直流高压发生器至控制箱的连接电缆。

(6)分压器仪表输出端接入分压器电压测试仪表输入端,分压器高压端接入直流高压发生器上高压输出端(微安表顶部插孔)。

(7)测试避雷器绝缘电阻。使用 DMG2673 绝缘电阻测试仪,电压选择 2 500 V;避雷器绝缘电阻测试合格后,方可进行避雷器直流泄漏电流测试。

(8)测试避雷器泄漏电流。

①将直流高压发生器的高压输出端接入避雷器 L1 高压端。

②检查接线、接地正确牢固。

③开始测试:缓慢调节直流高压发生器控制箱升压旋钮,并观察直流高压发生器的微安表数值,当微安表数值缓慢的升到 1 000 $\mu$A 时,记下此电压值(即为 $U_{1mA}$ 电压)。

④按下直流高压发生器控制箱【$0.75U_{1mA}$】键,数值稳定后,此时微安表显示值即为 $0.75U_{1mA}$ 电压下泄漏电流值。

⑤测试完毕,将控制箱升压旋钮调到"0"位,关闭控制箱电源。使用地线对避雷器 L1 高

压端放电。

（9）测试避雷器绝缘电阻。使用 DMG2673 绝缘电阻测试仪表，电压选择 2 500 V。避雷器耐压测试后的绝缘电阻应与耐压前无明显变化。

（10）分析、判断测试数据。

若测试数据合格，收回接地线、测试线及测试仪器。恢复避雷器接线，清理现场（工完、料净、场地清），填写安健环验收卡，见表 2-4-7。

表 2-4-7　安健环验收卡

| 序号 | 检查内容 | 标　准 | 检查结果 |
|---|---|---|---|
| 1 | 恢复情况 | 1. 作业工作全部结束。<br>2. 整改项目验收合格。<br>3. 检修脚手架拆除完毕。<br>4. 孔洞、坑道等盖板恢复。<br>5. 临时拆除的防护栏恢复。<br>6. 安全围栏、警示牌等撤离现场。<br>7. 安全措施和隔离措施具备恢复条件 | ☐<br>☐<br>☐<br>☐<br>☐<br>☐<br>☐ |
| 2 | 设备自身状况 | 1. 设备与系统全面连接。<br>2. 设备各人孔、开口部分密封良好。<br>3. 设备标示牌齐全。<br>4. 设备油漆完整。<br>5. 设备管道色环清晰准确。<br>6. 阀门手轮齐全。<br>7. 设备保温恢复完毕 | ☐<br>☐<br>☐<br>☐<br>☐<br>☐<br>☐ |
| 3 | 设备环境状况 | 1. 检修整体工作结束，人员撤出。<br>2. 检修剩余备件材料清理出现场。<br>3. 检修现场废弃物清理完毕。<br>4. 检修用辅助设施拆除结束。<br>5. 临时电源、水源、气源、照明等拆除完毕。<br>6. 工器具及工具箱运出现场。<br>7. 地面铺垫材料运出现场。<br>8. 检修现场卫生整洁 | ☐<br>☐<br>☐<br>☐<br>☐<br>☐<br>☐<br>☐ |

## 4.2.4　试验记录

填写试验数据，试验记录表格，见表 2-4-8。

表 2-4-8　避雷器的直流泄漏电流测试试验记录

| 氧化锌避雷器直流泄漏电流试验 | | | | | |
|---|---|---|---|---|---|
| 设备名称 | | | | 试验时间 | |
| 检修性质 | A 级修 | 环境温度 | | 环境湿度 | |
| 型号 | | | 额定电压 | | |
| 大电流耐受 | | | 雷电冲击电流下残压 | | |
| 直流参考电压 | | | 出厂编号 | | |
| 生产厂家 | | | | | |

续表

| 直流泄漏测量 | 仪器型号 | | | 仪器编号 | | |
|---|---|---|---|---|---|---|
| | 相别 | $U_{1mA}$(kV) | | $0.75U_{1mA}$泄漏电流(uA) | | 结论 |
| | L1 | | | | | |
| 1. $U_{1mA}$实测值与初始值或制造厂规定值比较,变化不应大于±5%;<br>2. $0.75U_{1mA}$下的泄漏电流不应大于 50 $\mu$A | | | | | | |
| 试验依据:《电力设备预防性试验规程》(DL/T 596—2021) | | | | | | |
| 试验负责人 | | | | 试验参加人员 | | |
| 记录人 | | | | 试验单位 | | |
| 审核: | | | | | | |

## 4.2.5 判断依据

(1)$U_{1mA}$实测值与初始值或制造厂规定值比较,变化不应大于±5%。

(2)$0.75U_{1mA}$下的泄漏电流不应大于 50 $\mu$A。

## 4.2.6 现场案例

(1)避雷器测试电气作业工作票案例见表 2-4-9。

表 2-4-9　避雷器测试电气第一种工作票

编号:××××

| 部门:设备维护部 | 班组:电气一次班 |
|---|---|
| 1. 工作负责人(监护人):李×× | |
| 2. 工作班成员(10 人以下全填,10 人以上只填 10 人):殷××、陈××、王××、 | 共 3 人 |
| 3. 工作任务:××××1 号主变压器柜内避雷器测试 | |
| 工作地点　　××××10 kV 配电室 | |
| 4. 计划工作时间:自××××年××月××日××时××分开始,至××××年××月××日××时××分 | |
| 5. 电气工作条件(全部停电或部分停电;部分停电必须具体指明工作地点保留哪些带电措施):<br>停电 | |
| 6. 经危险点分析需检修自理的安全措施(按工作顺序填写执行) | 已执行(检修确认) |
| (1)工作前验电,无电压后方可工作。<br>(2)正确使用工器具和劳动防护用品 | 1.√<br>2.√ |
| 7. 需要采取的措施 | 已执行(运行确认) |
| (1)断开 1 号主变压器低压侧主进柜断路器,并断开其二次回路开关,在开关操作把手上挂"禁止合闸、有人工作"标示牌。 | 1.√ |
| (2)断开 1 号主变压器低压侧隔离开关,并在其操作把手上挂"禁止合闸、有人工作"标示牌。 | 2.√ |
| (3)断开 1 号主变压器柜高压侧断路器 1QF,并断开其控制电源开关,在开关操作把手上挂"禁止合闸、有人工作"标示牌。 | 3.√ |
| (4)合上 1 号主变压器高压柜内接地刀闸 1QE | 4.√ |
| 8. 安全注意事项 | 已执行(检修确认) |
| 防止走错间隔 | √ |

续表

| | |
|---|---|
| 工作票签发人:张××于××××年××月××日××时××分审核并签发,并向工作负责人详细交代 | |
| 工作票负责人:李××于××××年××月××日××时××分接受任务并已接受工作票签发人详细交代 | |
| 9. 运行人员补充的工作地点保留带电部分和安全措施:<br>无补充 | 已执行(运行、检修确认)<br>√ |
| 值班负责人:杨×× | ××××年××月××日××时××分 |
| 10. 批准结束时间:××××年××月××日××时××分 | |
| 值班长:李××       工作许可人:杨×× | |
| 11. 上述运行必须采取的安全措施(包括补充部分)已全部正确执行,已经工作许可人和工作负责人共同现场确认完毕。从××××年××月××日××时××分许可工作。 | |
| 12. 工作票终结:工作班成员已全部撤离,现场已清扫干净。全部工作于××××年××月××日××时××分结束。<br>工作负责人:李××     工作许可人:杨×× | |
| 13. 工作票接地线 1组, 接地刀闸 1组,已拆除 2组,编号 001。<br>安全标示牌已收回。<br>值班负责人:×× | |

(2)避雷器预防试验报告案例见表2-4-5。

### 4.2.7 拓展训练

1. 编制本作业危险点(源)辨别预控措施卡。
2. 画出本试验流程图。
3. 完成试验报告,并进行数据分析。

## 项目考核单

| 作业项目 | | 避雷器预防试验 | | | |
|---|---|---|---|---|---|
| 序号 | 考核项 | 得分条件 | 评分标准 | 配分 | 扣分 |
| 1 | 试验准备 | □1. 正确摆放试验设备。<br>□2. 准备绝缘工具、接地线、电工工具和试验用接线及接线钩叉,鳄鱼夹等。<br>□3. 能进行室内温度湿度检查。<br>□4. 能进行仪器设备安全检查。<br>□5. 能进行工具安全检查。<br>□6. 能用万用表检查试验电源 | 未完成1项扣2分,扣分不得超过12分 | 12 | |
| 2 | 安全措施 | □1. 试验人员穿绝缘鞋、戴安全帽、绝缘手套,工作服穿戴整齐。<br>□2. 检查被试品是否带电。<br>□3. 接好接地线,对避雷器进行充分放电(使用放电棒)。<br>□4. 设置合适的围栏并悬挂标示牌。<br>□5. 试验前,对避雷器外观进行检查,并进行清扫 | 未完成1项扣3分,扣分不得超过15分 | 15 | |

| 作业项目 | | 避雷器预防试验 | | | |
|---|---|---|---|---|---|
| 序号 | 考核项 | 得分条件 | 评分标准 | 配分 | 扣分 |
| 3 | 避雷器及仪器仪表铭牌参数抄录 | ☐1. 对与试验有关的避雷器铭牌参数进行抄录。<br>☐2. 选择合适的仪器仪表,并抄录仪器仪表参数、编号、厂家等。<br>☐3. 检查仪器仪表合格证是否在有效期内。<br>☐4. 索取历年试验数据 | 未完成 1 项扣 2 分,扣分不得超过 8 分 | 8 | |
| 4 | 试验接线 | ☐1. 仪器摆放整齐规范。<br>☐2. 接线布局合理。<br>☐3. 仪器、避雷器地线,连接牢固良好 | 未完成 1 项扣 3 分,扣分不得超过 9 分 | 9 | |
| 5 | 试品带电试验 | ☐1. 接好试品、操作仪器,如果需要则缓慢升压。<br>☐2. 升压时进行呼唤应答。<br>☐3. 升压过程中,注意表计指示。<br>☐4. 电压升到试验要求值,正确记录表计指示数。<br>☐5. 读取数据后,仪器复位,断掉仪器开关,拉开电源刀闸,拔出仪器电源插头。<br>☐6. 用放电棒对被试品放电 | 未完成 1 项扣 3 分,扣分不得超过 18 分 | 18 | |
| 6 | 试验现场恢复 | ☐1. 将试验设备及部件整理恢复原状。<br>☐2. 填写安健环验收卡 | 未完成 1 项扣 3 分,扣分不得超过 6 分 | 6 | |
| 7 | 资料信息查询 | ☐1. 能在规定时间内查询所需资料。<br>☐2. 能正确查询避雷器预防试验方法依据标准。<br>☐3. 能正确查询避雷器预防试验判定规范。<br>☐4. 能正确记录所需资料编号。<br>☐5. 能正确记录试验过程存在的问题 | 未完成 1 项扣 2 分,扣分不得超过 10 分 | 10 | |
| 8 | 数据判读分析 | ☐1. 能正确读取数据。<br>☐2. 能正确记录试验过程中数据。<br>☐3. 能正确进行数据计算。<br>☐4. 能正确进行数据分析。<br>☐5. 能根据数据得出试验结论。<br>☐6. 能根据数据完成试验报告 | 未完成 1 项扣 2 分,扣分不得超过 12 分 | 12 | |
| 9 | 方案制订与报告撰写 | ☐1. 字迹清晰<br>☐2. 语句通顺<br>☐3. 无错别字<br>☐4. 无涂改<br>☐5. 无抄袭 | 未完成 1 项扣 2 分,扣分不得超过 10 分 | 10 | |
| 合计 | | | | 100 | |

# 模块三

## 高压电工作业操作证实操培训

电工作业属于特种作业,对从业人员专业技能及综合素质要求高。国家规定从事特种作业岗位,必须获得特种作业操作证,持证上岗。特种作业操作证由中华人民共和国应急管理部(以下简称应急管理部)统一颁发证书,全国通用。电工特种作业操作证分为高压电工作业操作证和低压电工作业操作证两种,从业人员根据自己从事的岗位,考取不同的特种作业操作证书。电工特种作业操作证的考核分为理论考试和实操考试两部分,其中理论和实操考试各占 100 分,并要求分别达到 80 分以上为合格,才可获得电工特种作业操作证书。

本模块主要针对高压电工作业操作证实操考核的培训,培训内容有:10 kV 考核 1 号线手车 131 开关停送电操作、10 kV 考核 1 号线高压开关柜停送电操作、10 kV 考核 1 号柱上式变压器停送电操作、10 kV 考核 1 号线路停送电操作、作业现场应急处置 5 个项目。

# 10 kV 考核 1 号线手车 131 开关停送电作业

**项目任务单**

| 作业项目 | | 10 kV 考核 1 号线手车 131 开关停送电作业 | | | |
|---|---|---|---|---|---|
| 序号 | 明细 | 作业内容、标准及图例 | | | |
| 1 | 适用范围 | 适用于 10 kV 变配电系统运行维护 | | | |
| 2 | 编制依据 | (1)《电力设备预防性试验规程》。<br>(2)《国家电网公司电力安全工作规程》。<br>(3)《电力安全工作规程》。<br>(4)《铁路电力管理规则》和《铁路电力安全工作规程》。<br>(5)高压电工作业操作证考核大纲 | | | |
| 3 | 作业流程 | 作业前准备 → 教师出题、审核考题、填写操作票、进行模拟图预演 → 根据倒闸操作票，对设备进行停送电作业<br><br>填写记录 ← 作业结束，报告监考教师，清理现场，交卷 ← 作业完毕，确认设备状态、确认设备可以投入作业 | | | |
| 4 | 作业项目及内容 | **作业项目** | **作业内容** | | |
| | | 10 kV 考核 1 号线手车 131 开关停送电作业 | (1)10 kV 考核 1 号线手车 131 开关停电作业。<br>(2)10 kV 考核 1 号线手车 131 开关送电作业 | | |
| 5 | 准备工作 | 人员准备 | **分工** / **人数** / **要求** / **职责** | | |

| | | | 分工 | 人数 | 要求 | 职责 |
|---|---|---|---|---|---|---|
| 5 | 准备工作 | 人员准备 | 作业人员 | 1 人 | 1. 必须经过技术安全考试合格。<br>2. 取得岗位培训合格证书。<br>3. 取得《特种作业操作证—电工作业》证书 | 负责倒闸操作 |
| | | | 安全监护人员 | 1 人 | 1. 必须经过技术安全考试合格。<br>2. 取得岗位培训合格证书。<br>3. 取得《特种作业操作证—电工作业》证书 | 监控现场作业安全 |

| | | | 名称 | 规格 | 单位 | 数量 |
|---|---|---|---|---|---|---|
| 5 | 准备工作 | 工具准备 | 安全帽 | — | 个 | 若干 |
| | | | 绝缘手套 | 高压 | 双 | 1 |
| | | | 绝缘靴 | — | 双 | 2 |
| | | | 操作把手、柜门钥匙 | | 套 | 1 |
| | | | 各种标示牌 | 根据需要 | 套 | 若干 |
| | | | 运转小车 | — | 个 | 1 |
| | | | 验电器 | — | 个 | 1 |
| | | | 地线 | | 套 | 2 |
| | | | 安全、防护、个人工具及其他工具根据具体作业内容携带 | | | |
| 6 | 主要风险及控制 | 风险点 | 卡控措施 | | | |
| | | 触电伤害 | 1. 严格佩戴各种安全防护用品,操作人员应戴绝缘手套,穿绝缘鞋站在绝缘垫上进行。<br>2. 与带电体保持足够的安全距离 | | | |
| | | 误操作设备 | 倒闸操作按倒闸操作票顺序逐项进行,操作过程中应呼唤应答,监护人口述命令,操作人复诵并确认操作对象。<br>操作完成后,口述操作结果,监护人复诵操作结果,每完成一项做一记号"√"。全部操作完毕后进行复查,并报告监考教师 | | | |
| 7 | 应急处置 | 关键问题 | 处置方法 | | | |
| | | 触电伤害 | 作业人员发生触电时,现场人员应迅速切断电源或使用绝缘工具、干燥的木棒、木板、绳索等不导电的东西解脱触电者,在没有切断电源前,不得盲目施救。触电者脱离电源后,立即就地坚持正确抢救,并设法联系医疗部门接替救治 | | | |
| | | 误操作设备 | 1. 发生误操作时,错合、错分隔离开关后,不得再打开或闭合。<br>2. 带负荷操作高压开关。发生带负荷操作高压开关时,当开关触头处未完全断开时,应立即将开关合上;如已经断开,则不允许再闭合 | | | |
| 8 | 记录填写 | 考核记录单 | | | | |

# 1.1　10 kV 考核 1 号线手车 131 开关倒闸操作票

**1. 作业设备**

10 kV 考核 1 号线高压开关柜

**2. 作业工具**

(1)绝缘手套、安全帽

(2)绝缘靴

(3)操作把手,柜门钥匙

(4)各种标示牌

(5)运转小车

**3. 倒闸操作票**

根据现场供电系统主接线图或一次系统模拟图、作业步骤及标准,填写 10 kV 考核 1 号线手车 131 开关停送电操作票,见表 3-1-1 和表 3-1-2。

表 3-1-1　10 kV 考核 1 号线手车 131 开关停电操作票

| 10 kV 变电站倒闸操作票 | | | |
|---|---|---|---|
| 作票编号: | | | |
| 操作开始时间：年 月 日 时 分 | | 结束时间：年 月 日 时 分 | |
| 操作任务：1 号线手车 131 开关停电作业 | | | |
| 执行√ | 顺序 | 操作项目 | 完成时间 |
| | | | |
| | | | |
| | | | |
| | | | |
| | | | |
| | | | |
| | | | |
| | | | |
| | | | |
| | | | |
| 备注: | | | |
| 操作人：　　监护人：　　值班负责人：　　值班长： | | | |

评语：_____

表 3-1-2　10 kV 考核 1 号线手车 131 开关送电操作票

| 10 kV 变电站倒闸操作票 | | | |
|---|---|---|---|
| 作票编号: | | | |
| 操作开始时间：年 月 日 时 分 | | 结束时间：年 月 日 时 分 | |
| 操作任务：1 号线手车 131 开关送电作业 | | | |
| 执行√ | 顺序 | 操作项目 | 完成时间 |
| | | | |
| | | | |
| | | | |
| | | | |
| | | | |
| | | | |
| | | | |
| | | | |
| | | | |

| | | | |
|---|---|---|---|
| | | | |

备注：

操作人： 监护人： 值班负责人： 值班长：

评语：_____

## 1.2 10 kV 考核 1 号线手车 131 开关停电作业

**1. 检查相关设备**

检查本作业供电系统运行情况，并做好记录。

**2. 操作步骤**

(1)拉开 10 kV 考核 1 号线手车 131 开关。

(2)将 10 kV 考核 1 号线手车 131 开关由"工作"位置摇至"试验"位置。

(3)打开仪表室柜门。

① 拉开 10 kV 考核 1 号线手车 131 开关二次控制回路小空气开关。

② 关闭仪表室柜门。

③ 打开开关室柜门。

④ 取下 131 开关二次控制回路插头。

⑤ 检查二次控制回路已断开。

(4)将 10 kV 考核 1 号线手车 131 开关由"试验"位置拉出,放置在运转小车上。

(5)锁好 10 kV 考核 1 号线开关柜手车 131 开关室柜门。

(6)在开关室柜门上挂"止步,高压危险"牌。

(7)倒闸作业完成后,清理现场(工完、料净、场地清)。

## 1.3 10 kV 考核 1 号线手车 131 开关送电作业

**1. 检查相关设备**

检查本作业供电系统运行情况，并做好记录。

**2. 操作步骤**

(1)取下"止步,高压危险"牌。

(2)打开 10 kV 考核 1 号线手 131 开关室柜门。

①将手车 131 开关由运转小车上推入柜内,置于"试验"位置。

②检查手车定位销已到位。

(3)放上 10 kV 考核 1 号线手车 131 开关二次控制回路插头。

①打开仪表室柜门。

②合上手车 131 开关二次控制回路小空气开关。

③检查二次控制回路正常。

(4)锁好 10 kV 考核 1 号线手车 131 开关室柜门,关闭仪表室柜门。

（5）检查 10 kV 考核 1 号线手车 131 开关在断开位置。

（6）将 10 kV 考核 1 号线手车 131 开关由"试验"位置摇至"工作"位置，检查已到位。

（7）合上 10 kV 考核 1 号线手车 131 开关，检查应合上。

（8）倒闸作业完成后，清理现场（工完、料净、场地清）。

## 项目考核单

| 作业项目 | | 10 kV 考核 1 号线手车 131 开关停送电作业 | | | |
|---|---|---|---|---|---|
| 序号 | 考核项 | 得分条件 | 评分标准 | 配分 | 扣分 |
| 1 | 作业准备 | □1. 准备运转小车。<br>□2. 操作把手。<br>□3. 柜门钥匙。<br>□4. 验电器。<br>□5. 接地线。<br>□6. 各种标示牌 | 未完成 1 项扣 2 分，扣分不得超过 12 分 | 12 | |
| 2 | 安全措施 | □1. 作业前，对设备运行情况及外观进行检查。<br>□2. 核对设备主接线图。<br>□3. 设置合适的围栏并悬挂标示牌。<br>□4. 操作人员戴绝缘手套、穿绝缘鞋、戴安全帽、工作服穿戴整齐 | 未完成 1 项扣 3 分，扣分不得超过 12 分 | 12 | |
| 3 | 填票审票 | □1. 根据设备实际运行状态和相关指令填写操作票。<br>□2. 填写操作票。<br>□3. 按顺序（先监护人审票，后值班负责人）审票，审票时（可根据试打印的操作票）应对照系统主接线图。经审核后正式打印操作票。<br>□4. 操作任务栏应填写双重名称（即设备名称及设备编号）。<br>□5. 操作任务应明确。<br>□6. 操作项目填写正确。<br>□7. 操作项目顺序不准颠倒 | 未完成 1 项扣 3 分，扣分不得超过 21 分 | 21 | |
| 4 | 执行操作 | □1. 操作前是否核对设备位置，编号名称。<br>□2. 监护人所站位置能监视操作人在整个操作过程中的动作及被操作设备操作过程中的变化。<br>□3. 监护人是否下达执行命令。<br>□4. 监护人是否填写开始时间，完成时间。<br>□5. 操作过程是否正确使用安全用具。<br>□6. 操作项目有无遗漏。<br>□7. 操作中有无呼唤应答，比手势。<br>□8. 每项操作完毕是否打"√"记号。<br>□9. 是否发现错误，并正确处理 | 未完成 1 项扣 3 分，扣分不得超过 27 分 | 27 | |

续表

| 作业项目 | | 10 kV 考核 1 号线手车 131 开关停送电作业 | | | |
|---|---|---|---|---|---|
| 序号 | 考核项 | 得分条件 | 评分标准 | 配分 | 扣分 |
| 5 | 检查设备 | ☐操作完成是否全面检查设备。 | 扣分 4 分 | 4 | |
| 6 | 操作后汇报 | ☐1. 装拆接地线是否有记录。<br>☐2. 操作完后是否向发令人报告。 | 未完成 1 项扣 3 分, 扣分不得超过 6 分 | 6 | |
| 7 | 操作现场恢复 | ☐1. 将试验设备及部件整理恢复原状。<br>☐2. 清理场地(工完、料净、场地清) | 未完成 1 项扣 3 分, 扣分不得超过 6 分 | 6 | |
| 8 | 资料信息查询 | ☐1. 能在规定时间内查询所需资料。<br>☐2. 能正确查询倒闸方法依据标准。<br>☐3. 能正确记录所需设备编号。<br>☐4. 能正确记录作业过程存在问题 | 未完成 1 项扣 3 分, 扣分不得超过 12 分 | 12 | |
| 合计 | | | | 100 | |

# 项目 2
# 10 kV 考核 1 号线高压开关柜
# 停送电作业

## 项目任务单

| 作业项目 | | 10 kV 考核 1 号线高压开关柜停送电作业 | | | | |
|---|---|---|---|---|---|---|
| 序号 | 明细 | 作业内容、标准及图例 | | | | |
| 1 | 适用范围 | 适用于 10 kV 变配电系统运行维护 | | | | |
| 2 | 编制依据 | (1)《电力设备预防性试验规程》。<br>(2)《国家电网公司电力安全工作规程》。<br>(3)《电力安全工作规程》。<br>(4)《铁路电力管理规则》和《铁路电力安全工作规程》。<br>(5)高压电工作业操作证考核大纲 | | | | |
| 3 | 作业流程 | 作业前准备 → 教师出题、审核考题、填写操作票、进行模拟图预演 → 根据倒闸操作票，对设备进行停送电作业<br>填写记录 ← 作业结束，报告监考教师，清理现场，交卷 ← 作业完毕，确认设备状态、确认设备可以投入作业 | | | | |
| 4 | 作业项目及内容 | **作业项目** | **作业内容** | | | |
| | | 10 kV 考核 1 号线高压开关柜停送电作业 | (1)10 kV 考核 1 号线高压开关柜停电作业。<br>(2)10 kV 考核 1 号线高压开关柜送电作业 | | | |
| 5 | 准备工作 | 人员准备 | **分工** | **人数** | **要求** | **职责** |
| | | | 作业人员 | 1 人 | 1. 必须经过技术安全考试合格。<br>2. 取得岗位培训合格证书。<br>3. 取得《特种作业操作证——电工作业》证书 | 负责倒闸操作 |

136

续表

| | | 分工 | 人数 | 要求 | 职责 |
|---|---|---|---|---|---|
| 5 | 准备工作 | 人员准备 安全监护人员 | 1人 | 1. 必须经过技术安全考试合格。 2. 取得岗位培训合格证书。 3. 取得《特种作业操作证—电工作业》证书 | 监控现场作业安全 |

| | | 名称 | 规格 | 单位 | 数量 |
|---|---|---|---|---|---|
| | 工具准备 | 安全帽 | — | 个 | 若干 |
| | | 绝缘手套 | 高压 | 双 | 1 |
| | | 绝缘靴 | | 双 | 2 |
| | | 操作把手、柜门钥匙 | — | 套 | 1 |
| | | 各种标示牌 | 根据需要 | 套 | 若干 |
| | | 运转小车 | — | 个 | 1 |
| | | 验电器 | — | 个 | 1 |
| | | 地线 | | 套 | 2 |
| | | 安全、防护、个人工具及其他工具根据具体作业内容携带 | | | |

| 6 | 主要风险及控制措施 | 风险点 | 卡控措施 |
|---|---|---|---|
| | | 触电伤害 | 1. 严格佩戴各种安全防护用品,操作人员应戴绝缘手套,穿绝缘鞋站在绝缘垫上进行。 2. 与带电体保持足够的安全距离 |
| | | 误操作设备 | 倒闸操作按倒闸操作票顺序逐项进行,操作过程中应呼唤应答,监护人口述命令,操作人复诵并确认操作对象。操作完成后,口述操作结果,监护人复诵操作结果,每完成一项做一记号"√"。全部操作完毕后进行复查,并报告监考教师 |

| 7 | 应急处置 | 关键问题 | 处置方法 |
|---|---|---|---|
| | | 触电伤害 | 作业人员发生触电时,现场人员应迅速切断电源或使用绝缘工具、干燥的木棒、木板、绳索等不导电的东西解脱触电者,在没有切断电源前,不得盲目施救。触电者脱离电源后,立即就地坚持正确抢救,并设法联系医疗部门接替救治 |
| | | 误操作设备 | 1. 发生误操作时,错合、错分隔离开关后,不得再打开或闭合。 2. 带负荷操作高压开关。发生带负荷操作高压开关时,当开关触头处未完全断开时,应立即将开关合上;如已经断开,则不允许再闭合 |

| 8 | 记录填写 | 考核记录单 | |
|---|---|---|---|

## 2.1　10 kV 考核 1 号线高压开关柜倒闸操作票

**1. 作业设备**
10 kV 考核 1 号线高压开关柜
**2. 作业工具**
(1)绝缘手套、安全帽
(2)绝缘靴

（3）操作把手，柜门钥匙

（4）验电器

（5）接地线

（6）各种标示牌

### 3. 倒闸操作票

根据现场供电系统主接线图或一次系统模拟图、作业步骤及标准，填写 10 kV 考核 1 号线高压开关柜停送电操作票，见表 3-2-1 和表 3-2-2。

表 3-2-1　10 kV 考核 1 号线高压开关柜停电操作票

| 10 kV 变电站倒闸操作票 | | | |
|---|---|---|---|
| | | | 作票编号： |
| 操作开始时间：年 月 日 时 分 | | 结束时间：年 月 日 时 分 | |
| 操作任务：1 号线高压开关柜停电作业 | | | |
| 执行√ | 顺序 | 操作项目 | 完成时间 |
| | | | |
| | | | |
| | | | |
| | | | |
| | | | |
| | | | |
| | | | |
| | | | |
| | | | |
| | | | |
| | | | |
| 备注： | | | |
| 操作人：　　　　　监护人：　　　　　值班负责人：　　　　　值班长： | | | |
| 评语：＿＿＿＿＿＿＿＿＿＿＿＿＿＿＿＿＿＿＿＿＿＿＿＿＿＿ | | | |

表 3-2-2　10 kV 考核 1 号线高压开关柜送电操作票

| 10 kV 变电站倒闸操作票 | | | |
|---|---|---|---|
| | | | 作票编号： |
| 操作开始时间：年 月 日 时 分　结束时间：年 月 日 时 分 | | | |
| 操作任务：1 号线高压开关柜送电作业 | | | |
| 执行√ | 顺序 | 操作项目 | 完成时间 |
| | | | |
| | | | |
| | | | |

| | | | |
|---|---|---|---|
| | | | |
| | | | |
| | | | |
| | | | |
| | | | |
| | | | |
| | | | |

备注：

操作人： 监护人： 值班负责人： 值班长：

评语：_____

## 2.2　10 kV 考核 1 号线高压开关柜停电作业

**1. 检查相关设备**

检查本作业供电系统运行情况，并做好记录。

**2. 操作步骤**

(1)拉开 10 kV 考核 1 号线手车 131 开关。

(2)将 10 kV 考核 1 号线手车 131 开关由"工作"位置摇至"试验"位置。

(3)打开 10 kV 考核 1 号线开关柜电缆室柜门。

(4)在 10 kV 考核 1 号线手车 131 开关下桩头与电缆线接线处验明无电压。

① 检查验电器；验 A 相；验 B 相；验 C 相。

②挂 1 号接地线 1 副：挂接地端；挂 A 相；挂 B 相；挂 C 相。

(5)在电缆室柜门上挂"在此工作牌"。

(6)在开关操作手柄上挂"禁止合闸，线路有人工作"牌。

(7)倒闸作业完成后，清理现场（工完、料净、场地清）。

## 2.3　10 kV 考核 1 号线高压开关柜送电作业

**1. 检查相关设备**

检查本作业供电系统运行情况，并做好记录。

**2. 操作步骤**

(1)取下"禁止合闸，线路有人工作"牌。

(2)取下"在此工作"牌。

(3)拆除 10 kV 考核 1 号线手车 131 开关下桩头与电缆接线处 1 号接地线 1 副：

拆 A 相；拆 B 相；拆 C 相；拆接地端。

(4)检查 10 kV 考核 1 号线手车 131 开关下桩头与电缆接线处无三相短路接地线和其他异物。

（5）锁好 10 kV 考核 1 号线开关柜电缆室柜门。

（6）检查 10 kV 考核 1 号线手车 131 开关在"断开"位置。

（7）将 10 kV 考核 1 号线手车 131 开关由"试验"位置摇至"工作"位置,检查已到位。

（8）合上 10 kV 考核 1 号线手车 131 开关,检查已合上。

（9）倒闸作业完成后,清理现场(工完、料净、场地清)。

## 项目考核单

| 作业项目 | | 10 kV 考核 1 号线高压开关柜停送电作业 | | | |
|---|---|---|---|---|---|
| 序号 | 考核项 | 得分条件 | 评分标准 | 配分 | 扣分 |
| 1 | 作业准备 | □1. 准备运转小车。<br>□2. 操作把手。<br>□3. 柜门钥匙。<br>□4. 验电器。<br>□5. 接地线。<br>□6. 各种标示牌 | 未完成 1 项扣 2 分,扣分不得超过 12 分 | 12 | |
| 2 | 安全措施 | □1. 作业前,对设备运行情况及外观进行检查。<br>□2. 核对设备主接线图。<br>□3. 设置合适的围栏并悬挂标示牌。<br>□4. 操作人员戴绝缘手套、穿绝缘鞋、戴安全帽、工作服穿戴整齐 | 未完成 1 项扣 3 分,扣分不得超过 12 分 | 12 | |
| 3 | 填票审票 | □1. 根据设备实际运行状态和相关指令填写操作票。<br>□2. 填写操作票。<br>□3. 按顺序(先监护人审票,后值班负责人)审票,审票时(可根据试打印的操作票)应对照系统主接线图。经审核后正式打印操作票。<br>□4. 操作任务栏应填写双重名称(即设备名称及设备编号)。<br>□5. 操作任务应明确。<br>□6. 操作项目填写正确。<br>□7. 操作项目顺序不准颠倒 | 未完成 1 项扣 3 分,扣分不得超过 21 分 | 21 | |
| 4 | 执行操作 | □1. 操作前是否核对设备位置,编号名称。<br>□2. 监护人所站位置能监视操作人在整个操作过程中的动作及操作设备操作过程中的变化。<br>□3. 监护人是否下达执行命令。<br>□4. 监护人是否填写开始时间,完成时间。<br>□5. 操作过程是否正确使用安全用具。<br>□6. 操作项目有无遗漏。<br>□7. 操作中有无呼唤应答,比手势。<br>□8. 每项操作完毕是否打"√"记号。<br>□9. 是否发现错误,并正确处理 | 未完成 1 项扣 3 分,扣分不得超过 27 分 | 27 | |
| 5 | 检查设备 | □操作完成是否全面检查设备 | 扣分 4 分 | 4 | |
| 6 | 操作后汇报 | □1. 装拆接地线是否有记录。<br>□2. 操作完后是否向发令人报告 | 未完成 1 项扣 3 分,扣分不得超过 6 分 | 6 | |

续表

| 作业项目 | | 10 kV 考核 1 号线高压开关柜停送电作业 | | | |
|---|---|---|---|---|---|
| 序号 | 考核项 | 得分条件 | 评分标准 | 配分 | 扣分 |
| 7 | 操作现场恢复 | □1. 将试验设备及部件整理恢复原状。<br>□2. 清理场地(工完、料净、场地清) | 未完成 1 项扣 3 分,扣分不得超过 6 分 | 6 | |
| 8 | 资料信息查询 | □1. 能在规定时间内查询所需资料。<br>□2. 能正确查询倒闸方法依据标准。<br>□3. 能正确记录所需设备编号。<br>□4 能正确记录作业过程存在问题 | 未完成 1 项扣 3 分,扣分不得超过 12 分 | 12 | |
| | | 合计 | | 100 | |

# 项目任务单

| 作业项目 | | 10 kV 考核 1 号柱上式变压器停送电作业 | | | |
|---|---|---|---|---|---|
| 序号 | 明细 | 作业内容、标准及图例 | | | |
| 1 | 适用范围 | 适用于 10 kV 变配电系统运行维护 | | | |
| 2 | 编制依据 | (1)《电力设备预防性试验规程》。<br>(2)《国家电网公司电力安全工作规程》。<br>(3)《电力安全工作规程》。<br>(4)《铁路电力管理规则》和《铁路电力安全工作规程》。<br>(5)高压电工作业操作证考核大纲 | | | |
| 3 | 作业流程 | 作业前准备 → 教师出题、审核考题、填写操作票、进行模拟图预演 → 根据倒闸操作票，对设备进行停送电作业 → 作业完毕，确认设备状态、确认设备可以投入作业 → 作业结束，报告监考教师，清理现场，交卷 → 填写记录 | | | |
| 4 | 作业项目及内容 | **作业项目**<br>10 kV 考核 1 号柱上式变压器停送电作业 | **作业内容**<br>(1)10 kV 考核 1 号柱上式变压器停电作业。<br>(2)10 kV 考核 1 号柱上式变压器送电作业 | | |
| 5 | 准备工作 | 人员准备 | 分工 / 人数 / 要求 / 职责 | | |

| | | | 分工 | 人数 | 要求 | 职责 |
|---|---|---|---|---|---|---|
| 5 | 准备工作 | 人员准备 | 作业人员 | 1人 | 1. 必须经过技术安全考试合格。<br>2. 取得岗位培训合格证书。<br>3. 取得《特种作业操作证—电工作业》证书 | 负责倒闸操作 |
| | | | 安全监护人员 | 1人 | 1. 必须经过技术安全考试合格。<br>2. 取得岗位培训合格证书。<br>3. 取得《特种作业操作证—电工作业》证书 | 监控现场作业安全 |

| 作业项目 | | 10 kV考核1号柱上式变压器停送电作业 | | | |
|---|---|---|---|---|---|
| 序号 | 明细 | 作业内容、标准及图例 | | | |
| 5 | 准备工作 | 工具准备 | 名称 | 规格 | 单位 | 数量 |

| | | | 名称 | 规格 | 单位 | 数量 |
|---|---|---|---|---|---|---|
| 5 | 准备工作 | 工具准备 | 安全帽 | — | 个 | 若干 |
| | | | 绝缘手套 | 高压 | 双 | 1 |
| | | | 绝缘靴 | | 双 | 2 |
| | | | 操作把手、柜门钥匙 | | 套 | 1 |
| | | | 各种标示牌 | 根据需要 | 套 | 若干 |
| | | | 运转小车 | | 个 | 1 |
| | | | 验电器 | — | 个 | 1 |
| | | | 地线 | — | 套 | 2 |
| | | 安全、防护、个人工具及其他工具根据具体作业内容携带 | | | | |

| | | 风险点 | 卡控措施 |
|---|---|---|---|
| 6 | 主要风险及控制措施 | 触电伤害 | 1. 严格佩戴各种安全防护用品，操作人员应戴绝缘手套，穿绝缘鞋站在绝缘垫上进行。<br>2. 与带电体保持足够的安全距离 |
| | | 误操作设备 | 倒闸操作按倒闸操作票顺序逐项进行，操作过程中应呼唤应答，监护人口述命令，操作人复诵并确认操作对象。操作完成后，口述操作结果，监护人复诵操作结果，每完成一项做一记号"√"。全部操作完毕后进行复查，并报告监考教师 |

| | | 关键问题 | 处置方法 |
|---|---|---|---|
| 7 | 应急处置 | 触电伤害 | 作业人员发生触电时，现场人员应迅速切断电源或使用绝缘工具、干燥的木棒、木板、绳索等不导电的东西解脱触电者，在没有切断电源前，不得盲目施救。触电者脱离电源后，立即就地坚持正确抢救，并设法联系医疗部门接替救治 |
| | | 误操作设备 | 1. 发生误操作时，错合、错分隔离开关后，不得再打开或闭合。<br>2. 带负荷操作高压开关。发生带负荷操作高压开关时，当开关触头处未完全断开时，应立即将开关合上；如已经断开，则不允许再闭合 |
| 8 | 记录填写 | 考核记录单 | |

# 3.1　10 kV考核1号线柱上式变压器倒闸操作票

## 1. 作业设备
10 kV考核1号线柱上式变压器
## 2. 作业工具
(1)绝缘手套、安全帽
(2)绝缘靴
(3)验电器
(4)接地线
(5)各种标示牌

### 3. 倒闸操作票

根据现场供电系统主接线图或一次系统模拟图、作业步骤及标准,填写 10 kV 考核 1 号线柱上式变压器停送电操作票,见表 3-3-1 和表 3-3-2。

表 3-3-1　10 kV 考核 1 号线柱上式变压器停电操作票

| 10 kV 变电站倒闸操作票 | | | | |
|---|---|---|---|---|
| | | | 作票编号: | |
| 操作开始时间:　年　月　日　时　分 | | | 结束时间:　年　月　日　时　分 | |
| 操作任务:1 号线柱上式变压器停电作业 | | | | |
| 执行√ | 顺序 | 操作项目 | | 完成时间 |
| | | | | |
| | | | | |
| | | | | |
| | | | | |
| | | | | |
| | | | | |
| | | | | |
| | | | | |
| | | | | |
| | | | | |
| | | | | |
| | | | | |
| 备注: | | | | |
| 操作人:　　　　　监护人:　　　　　值班负责人:　　　　　值班长: | | | | |
| 评语:_____ | | | | |

表 3-3-2　10 kV 考核 1 号线柱上式变压器送电操作票

| 10 kV 变电站倒闸操作票 | | | | |
|---|---|---|---|---|
| | | | 作票编号: | |
| 操作开始时间:　年　月　日　时　分 | | | 结束时间:　年　月　日　时　分 | |
| 操作任务:1 号线柱上式变压器送电作业 | | | | |
| 执行√ | 顺序 | 操作项目 | | 完成时间 |
| | | | | |
| | | | | |
| | | | | |
| | | | | |
| | | | | |
| | | | | |
| | | | | |

| | | | |
|---|---|---|---|
| | | | |
| | | | |
| | | | |

备注：

操作人：　　　　　监护人：　　　　　值班负责人：　　　　　值班长：

评语：

## 3.2　10 kV 考核 1 号线柱上式变压器停电作业

**1. 检查相关设备**

检查本作业供电系统运行情况，并做好记录。

**2. 操作步骤**

(1)拉开 10 kV 考核 1 号线柱上式变压器二次侧总开关，检查已拉开。

(2)检查 10 kV 考核 1 号线柱上式变压器二次侧总开关确在"断开"位置。

(3)拉开 10 kV 考核 1 号线柱上式变压器一次侧中相跌落式熔断器，检查已拉开。

(4)拉开 10 kV 考核 1 号线柱上式变压器一次侧下风侧跌落式熔断器，检查已拉开。

(5)拉开 10 kV 考核 1 号线柱上式变压器一次侧上风侧跌落式熔断器，检查已拉开。

(6)在 10 kV 考核 1 号线柱上式变压器二次侧总隔离刀闸与低压侧套管之间验明无电压。

① 检查验电器；验 a 相；验 b 相；验 c 相。

② 挂 1 号接地线 1 副：挂接地端；挂 a 相；挂 b 相；挂 c 相。

(7)在 10 kV 考核 1 号线柱上式变压器一次侧跌落式熔断器下端与高压侧套管之间验明无电压。

① 检查验电器；验 A 相；验 B 相；验 C 相。

② 挂 2 号接地线 1 副：挂接地端；挂 A 相；挂 B 相；挂 C 相。

(8)在 10 kV 考核 1 号线柱上式变压器上挂"禁止攀登，高压危险！"牌。

(9)倒闸作业完成后，清理现场（工完、料净、场地清）。

## 3.3　10 kV 考核 1 号线柱上式变压器送电作业

**1. 检查相关设备**

检查本作业供电系统运行情况，并做好记录。

**2. 操作步骤**

(1)取下"禁止攀登，高压危险！"牌。

(2)拆除 10 kV 考核 1 号线柱上式变压器一次侧跌落式熔断器下端与高压侧套管的 2 号接地线 1 副：

拆 A 相；拆 B 相；拆 C 相；拆接地端。

（3）拆除 10 kV 考核 1 号变压器二次侧总隔离刀闸与低压侧套管之间的 1 号接地线 1 副：拆 a 相；拆 b 相；拆 c 相；拆接地端。

（4）检查 10 kV 考核 1 号线柱上式变压器一次侧和二次侧的两侧无短路接地线与其他异物。

（5）检查 10 kV 考核 1 号线柱上式变压器一次侧跌落式熔断器确在"断开"位置。

（6）合上 10 kV 考核 1 号线柱上式变压器一次侧上风侧跌落式熔断器，检查已合上。

（7）合上 10 kV 考核 1 号线柱上式变压器一次侧下风侧跌落式熔断器，检查已合上。

（8）合上 10 kV 考核 1 号线柱上式变压器一次侧中相跌落式熔断器，检查已合上。

（9）检查 10 kV 考核 1 号线柱上式变压器二次侧总开关确在断开位置。

（10）合上 10 kV 考核 1 号线柱上式变压器二次侧总开关；检查已合上。

（11）倒闸作业完成后，清理现场（工完、料净、场地清）。

## 项目考核单

| 作业项目 | | 10 kV 考核 1 号柱上式变压器停送电作业 | | | |
|---|---|---|---|---|---|
| 序号 | 考核项 | 得分条件 | 评分标准 | 配分 | 扣分 |
| 1 | 作业准备 | □1. 准备运转小车。<br>□2. 操作把手。<br>□3. 柜门钥匙。<br>□4. 验电器。<br>□5. 接地线。<br>□6. 各种标示牌 | 未完成 1 项扣 2 分，扣分不得超过 12 分 | 12 | |
| 2 | 安全措施 | □1. 作业前，对设备运行情况及外观进行检查。<br>□2. 核对设备主接线图。<br>□3. 设置合适的围栏并悬挂标示牌。<br>□4. 操作人员戴绝缘手套、穿绝缘鞋、戴安全帽、工作服穿戴整齐 | 未完成 1 项扣 3 分，扣分不得超过 12 分 | 12 | |
| 3 | 填票审票 | □1. 根据设备实际运行状态和相关指令填写操作票。<br>□2. 填写操作票。<br>□3. 按顺序（先监护人审票，后值班负责人）审票，审票时（可根据试打印的操作票）应对照系统主接线图。经审核后正式打印操作票。<br>□4. 操作任务栏应填写双重名称（即设备名称及设备编号）。<br>□5. 操作任务应明确。<br>□6. 操作项目填写正确。<br>□7. 操作项目顺序不准颠倒 | 未完成 1 项扣 3 分，扣分不得超过 21 分 | 21 | |
| 4 | 执行操作 | □1. 操作前是否核对设备位置，编号名称。<br>□2. 监护人所站位置、能监视操作人在整个操作过程动作及被操作设备操作过程中的变化。<br>□3. 监护人是否下达执行命令。<br>□4. 监护人是否填写开始时间，完成时间。<br>□5. 操作过程是否正确使用安全用具。<br>□6. 操作项目有无遗漏。<br>□7. 操作中有无呼唤应答，比手势。<br>□8. 每项操作完毕是否打"√"记号。<br>□9. 是否发现错误，并正确处理 | 未完成 1 项扣 3 分，扣分不得超过 27 分 | 27 | |

续表

| 作业项目 | | 10 kV 考核 1 号柱上式变压器停送电作业 | | | |
|---|---|---|---|---|---|
| 序号 | 考核项 | 得分条件 | 评分标准 | 配分 | 扣分 |
| 5 | 检查设备 | □操作完成是否全面检查设备 | 扣分 4 分 | 4 | |
| 6 | 操作后汇报 | □1. 装拆接地线是否有记录。<br>□2. 操作完后是否向发令人报告 | 未完成 1 项扣 3 分,扣分不得超过 6 分 | 6 | |
| 7 | 操作现场恢复 | □1. 将试验设备及部件整理恢复原状。<br>□2. 清理场地(工完、料净、场地清) | 未完成 1 项扣 3 分,扣分不得超过 6 分 | 6 | |
| 8 | 资料信息查询 | □1. 能在规定时间内查询所需资料。<br>□2. 能正确查询倒闸方法依据标准。<br>□3. 能正确记录所需设备编号。<br>□4. 能正确记录作业过程存在问题 | 未完成 1 项扣 3 分,扣分不得超过 12 分 | 12 | |
| 合计 | | | | 100 | |

# 10 kV 考核 1 号线路停送电作业

## 项目任务单

| 作业项目 | | 10 kV 考核 1 号线路停送电作业 | | | | |
|---|---|---|---|---|---|---|
| 序号 | 明细 | 作业内容、标准及图例 | | | | |
| 1 | 适用范围 | 适用于 10 kV 变配电系统运行维护 | | | | |
| 2 | 编制依据 | (1)《电力设备预防性试验规程》。<br>(2)《国家电网公司电力安全工作规程》。<br>(3)《电力安全工作规程》。<br>(4)《铁路电力管理规则》和《铁路电力安全工作规程》。<br>(5)高压电工作业操作证考核大纲 | | | | |
| 3 | 作业流程 | 作业前准备 → 教师出题、审核考题、填写操作票、进行模拟图预演 → 根据倒闸操作票，对设备进行停送电作业 → 作业完毕，确认设备状态、确认设备可以投入作业 → 作业结束，报告监考教师，清理现场，交卷 → 填写记录 | | | | |
| 4 | 作业项目及内容 | 作业项目 | 作业内容 | | | |
| | | 10 kV 考核 1 号线路停送电作业 | (1)10 kV 考核 1 号线路停电作业。<br>(2)10 kV 考核 1 号线路送电作业 | | | |
| 5 | 准备工作 | 人员准备 | 分工 | 人数 | 要求 | 职责 |
| | | | 作业人员 | 1人 | 1. 必须经过技术安全考试合格。<br>2. 取得岗位培训合格证书。<br>3. 取得《特种作业操作证—电工作业》证书 | 负责倒闸操作 |
| | | | 安全监护人员 | 1人 | 1. 必须经过技术安全考试合格。<br>2. 取得岗位培训合格证书。<br>3. 取得《特种作业操作证—电工作业》证书 | 监控现场作业安全 |

续表

| | | 名称 | 规格 | 单位 | 数量 |
|---|---|---|---|---|---|
| 5 | 准备工作 | 工具准备 | | | |
| | | 安全帽 | — | 个 | 若干 |
| | | 绝缘手套 | 高压 | 双 | 1 |
| | | 绝缘靴 | | 双 | 2 |
| | | 操作把手、柜门钥匙 | — | 套 | 1 |
| | | 各种标示牌 | 根据需要 | 套 | 若干 |
| | | 运转小车 | — | 个 | 1 |
| | | 验电器 | — | 个 | 1 |
| | | 地线 | — | 套 | 2 |
| | | 安全、防护、个人工具及其他工具根据具体作业内容携带 | | | |

| | | 风险点 | 卡控措施 |
|---|---|---|---|
| 6 | 主要风险及控制措施 | 触电伤害 | 1. 严格佩戴各种安全防护用品,操作人员应戴绝缘手套,穿绝缘鞋站在绝缘垫上进行。<br>2. 与带电体保持足够的安全距离。 |
| | | 误操作设备 | 倒闸操作按倒闸操作票顺序逐项进行,操作过程中应呼唤应答,监护人口述命令,操作人复诵并确认操作对象。操作完成后,口述操作结果,监护人复诵操作结果,每完成一项做一记号"√"。全部操作完毕后进行复查,并报告监考教师 |

| | | 关键问题 | 处置方法 |
|---|---|---|---|
| 7 | 应急处置 | 触电伤害 | 作业人员发生触电时,现场人员应迅速切断电源或使用绝缘工具、干燥的木棒、木板、绳索等不导电的东西解脱触电者,在没有切断电源前,不得盲目施救。触电者脱离电源后,立即就地坚持正确抢救,并设法联系医疗部门接替救治 |
| | | 误操作设备 | 1. 发生误操作时,错合、错分隔离开关后,不得再打开或闭合。<br>2. 带负荷操作高压开关。发生带负荷操作高压开关时,当开关触头处未完全断开时,应立即将开关合上;如已经断开,则不允许再闭合 |

| 8 | 记录填写 | 考核记录单 |
|---|---|---|

# 4.1　10 kV 考核 1 号线路倒闸操作票

**1. 作业设备**

(1)10 kV 考核 1 号线路

**2. 作业工具**

(1)绝缘手套、安全帽

(2)绝缘靴

(3)安全带、安全绳

(4)验电器

（5）接地线

（6）各种标示牌

**3. 倒闸操作票**

根据现场供电系统主接线图或一次系统模拟图、作业步骤及标准，填写 10 kV 考核 1 号线路停送电操作票，见表 3-4-1 和表 3-4-2。

表 3-4-1　10 kV 考核 1 号线路停电操作票

| 10 kV 变电站倒闸操作票 | | | | |
|---|---|---|---|---|
| | | | 作票编号： | |
| 操作开始时间：年 月 日 时 分 | | | 结束时间：年 月 日 时 分 | |
| 操作任务：1 号线路停电作业 | | | | |
| 执行√ | 顺序 | 操作项目 | | 完成时间 |
| | | | | |
| | | | | |
| | | | | |
| | | | | |
| | | | | |
| | | | | |
| | | | | |
| | | | | |
| | | | | |
| | | | | |
| | | | | |
| | | | | |
| 备注： | | | | |
| 操作人：　　　　监护人：　　　　值班负责人：　　　　值班长： | | | | |
| 评语：＿＿＿＿＿＿＿＿＿＿＿＿＿＿＿＿＿＿＿＿＿＿＿＿＿ | | | | |

表 3-4-2　10 kV 考核 1 号线路送电操作票

| 10 kV 变电站倒闸操作票 | | | | |
|---|---|---|---|---|
| | | | 作票编号： | |
| 操作开始时间：年 月 日 时 分 | | | 结束时间：年 月 日 时 分 | |
| 操作任务：1 号线路送电作业 | | | | |
| 执行√ | 顺序 | 操作项目 | | 完成时间 |
| | | | | |
| | | | | |
| | | | | |
| | | | | |
| | | | | |

| | | | |
|---|---|---|---|
| | | | |
| | | | |
| | | | |
| | | | |
| | | | |

备注：

操作人：　　　　　监护人：　　　　　值班负责人：　　　　　值班长：

评语：

# 4.2　10 kV 考核 1 号线路停电作业

**1. 检查相关设备**

检查本作业供电系统运行情况，并做好记录。

**2. 操作步骤**

(1)检查登杆用的所有安全用具和接地线并选好登杆位置。

(2)携带安全绳开始登杆，并系好安全带。

(3)在 10 kV 考核 1 号线－1 号杆挂接地线处进行验电：

检查验电器；验 A 相；验 B 相；验 C 相。

(4)检查 10 kV 考核 1 号线－1 号杆挂接地线处确无电压后，挂 2 号接地线 1 副：

挂接地端；挂 A 相；挂 B 相；挂 C 相。

(5)开始下杆。

(6)倒闸作业完成后，清理现场(工完、料净、场地清)。

# 4.3　10 kV 考核 1 号线路送电作业

**1. 检查相关设备**

检查本作业供电系统运行情况，并做好记录。

**2. 操作步骤**

(1)确认所有的工作票已收回

(2)检查登杆用的所有安全用具和接地线，并选好登杆位置。

(3)携带安全绳开始登杆，并系好安全带。

(4)拆除 10 kV 考核 1 号线－1 号杆挂接地线处 2 号接地线 1 副：

拆 A 相；拆 B 相；拆 C 相；拆接地端。

(5)检查 10 kV 考核 1 号线－1 号杆挂接地线处有无接地线或其他异物

(6)开始下杆。

(7)倒闸作业完成后，清理现场(工完、料净、场地清)。

# 项目考核单

| 作业项目 | | 10 kV 考核 1 号线路停送电作业 | | | |
|---|---|---|---|---|---|
| 序号 | 考核项 | 得分条件 | 评分标准 | 配分 | 扣分 |
| 1 | 作业准备 | ☐ 1. 准备运转小车。<br>☐ 2. 操作把手。<br>☐ 3. 柜门钥匙。<br>☐ 4. 验电器。<br>☐ 5. 接地线。<br>☐ 6. 各种标示牌 | 未完成 1 项扣 2 分,扣分不得超过 12 分 | 12 | |
| 2 | 安全措施 | ☐ 1. 作业前,对设备运行情况及外观进行检查。<br>☐ 2. 核对设备主接线图。<br>☐ 3. 设置合适的围栏并悬挂标示牌。<br>☐ 4. 操作人员戴绝缘手套、穿绝缘鞋、戴安全帽、工作服穿戴整齐 | 未完成 1 项扣 3 分,扣分不得超过 12 分 | 12 | |
| 3 | 填票审票 | ☐ 1. 根据设备实际运行状态和相关指令填写操作票。<br>☐ 2. 填写操作票。<br>☐ 3. 按顺序(先监护人审票,后值班负责人)审票,审票时(可根据试打印的操作票)应对照系统主接线图。经审核后正式打印操作票。<br>☐ 4. 操作任务栏应填写双重名称(即设备名称及设备编号)。<br>☐ 5. 操作任务应明确。<br>☐ 6. 操作项目填写正确。<br>☐ 7. 操作项目顺序不准颠倒 | 未完成 1 项扣 3 分,扣分不得超过 21 分 | 21 | |
| 4 | 执行操作 | ☐ 1. 操作前是否核对设备位置,编号名称。<br>☐ 2. 监护人所站位置能监视操作人在整个操作过程中的动作及被操作设备操作过程中的变化。<br>☐ 3. 监护人是否下达执行命令。<br>☐ 4. 监护人是否填写开始时间,完成时间。<br>☐ 5. 操作过程是否正确使用安全用具。<br>☐ 6. 操作项目有无遗漏。<br>☐ 7. 操作中有无呼唤应答,比手势。<br>☐ 8. 每项操作完毕是否打"√"记号。<br>☐ 9. 是否发现错误,并正确处理 | 未完成 1 项扣 3 分,扣分不得超过 27 分 | 27 | |
| 5 | 检查设备 | ☐ 操作完成是否全面检查设备 | 未完成扣分 4 分 | 4 | |
| 6 | 操作后汇报 | ☐ 1. 装拆接地线是否有记录。<br>☐ 2. 操作完后是否向发令人报告 | 未完成 1 项扣 3 分,扣分不得超过 6 分 | 6 | |
| 7 | 操作现场恢复 | ☐ 1. 将试验设备及部件整理恢复原状。<br>☐ 2. 清理场地(工完、料净、场地清) | 未完成 1 项扣 3 分,扣分不得超过 6 分 | 6 | |
| 8 | 资料信息查询 | ☐ 1. 能在规定时间内查询所需资料。<br>☐ 2. 能正确查询倒闸方法依据标准。<br>☐ 3. 能正确记录所需设备编号。<br>☐ 4. 能正确记录作业过程存在问题 | 未完成 1 项扣 3 分,扣分不得超过 12 分 | 12 | |
| 合计 | | | | 100 | |

## 项目任务单

| 作业项目 | | 作业现场应急处置 | | | | |
|---|---|---|---|---|---|---|
| 序号 | 明细 | 作业内容、标准 | | | | |
| 1 | 适用范围 | 适用于 10 kV 变配电系统运行维护 | | | | |
| 2 | 编制依据 | (1)《电力设备预防性试验规程》。<br>(2)《国家电网公司电力安全工作规程》。<br>(3)《电力安全工作规程》。<br>(4)《铁路电力管理规则》和《铁路电力安全工作规程》。<br>(5)高压电工作业操作证考核大纲 | | | | |
| 3 | 作业项目及内容 | 作业项目 | 作业内容 | | | |
| | | 作业现场应急处置 | (1)触电事故现场应急处置。<br>(2)火灾现场应急处置 | | | |
| 4 | 准备工作 | 人员准备 | 分工 | 人数 | 要求 | 职责 |
| | | | 作业人员 | 2人 | 1. 必须经过技术安全考试合格。<br>2. 取得岗位培训合格证书。<br>3. 取得《特种作业操作证—电工作业》证书 | 事故现场应急处置 |
| | | 工具准备 | 名称 | 规格 | 单位 | 数量 |
| | | | 绝缘手套 | 高压 | 双 | 2 |
| | | | 绝缘靴 | — | 双 | 2 |
| | | | 安全帽 | — | 个 | 2 |
| | | | 各种标示牌 | 根据需要 | 套 | 若干 |
| | | | 灭火器 | 根据需要 | 台 | 若干 |
| | | | 安全、防护、个人工具及其他工具根据具体作业内容携带 | | | |

续表

| 5 | 主要风险及控制措施 | 风险点 | 卡控措施 |
|---|---|---|---|
| | | 触电伤害 | 1. 严格佩戴各种安全防护用品,操作人员应戴绝缘手套,穿绝缘鞋站在绝缘垫上进行。<br>2. 与带电体保持足够的安全距离 |
| 6 | 应急处置 | 关键问题 | 处置方法 |
| | | 触电伤害 | 作业人员发生触电时,现场人员应迅速切断电源或使用绝缘工具、干燥的木棒、木板、绳索等不导电的东西解脱触电者,在没有切断电源前,不得盲目施救。触电者脱离电源后,立即就地坚持正确抢救,并设法联系医疗部门接替救治 |
| | | 误操作设备 | 1. 发生误操作时,错合、错分隔离开关后,不得再打开或闭合。<br>2. 带负荷操作高压开关。发生带负荷操作高压开关时,当开关触头处未完全断开时,应立即将开关合上;如已经断开,则不允许再闭合 |
| 7 | 记录填写 | 考核记录单 | |

作业现场应急处置,为高压电工作业操作证实操考试中的科目 4 内容,在电工操作证实操考核一体机上完成。

# 5.1　触电事故现场应急处置

触电事故现场应急处置,操作步骤如下:
(1)拉开闸刀。
(2)选择工具(木棍)。
(3)挑开电线。
(4)移动人员。
(5)心肺复苏。
(6)拨打 120。
(7)提交分数。

# 5.2　火灾现场应急处置

**1. 灭火器的类型及用途**
常用的灭火器有干粉型灭火器、水基(泡沫)型灭火器、二氧化碳型灭火器。考核中,需要根据考核系统随机出现的火灾场景,选择正确的灭火器。
(1)干粉型灭火器可以灭所有火灾类型。
(2)水基(泡沫)型灭火器可以灭柴火、油桶引起的火灾。
(3)二氧化碳型灭火器不能灭柴火引起的火灾。
**2. 灭火器的使用步骤**
(1)拔。拔掉灭火器上的插销。
(2)提。提起喷嘴,对准火焰根部。

（3）压。压下压把，对准火焰根部进行喷射，直至火焰熄灭。

（4）插。插上插销，放回原位，考核结束。

## 项目考核单

| 作业项目 | | 作业现场应急处置 | | | |
|---|---|---|---|---|---|
| 序号 | 考核项目 | 得分条件 | 评分标准 | 配分 | 扣分 |
| 1 | 作业准备 | □1. 干粉型灭火器。<br>□2. 水基(泡沫)型灭火器。<br>□3. 二氧化碳型灭火器。<br>□4. 绝缘木工 | 未完成1项扣3分，扣分不得超过12分 | 12 | |
| 2 | 安全措施 | □1. 作业前，对设备运行情况及外观进行检查。<br>□2. 核对设备。<br>□3. 操作人员戴安全帽、工作服穿戴整齐 | 未完成1项扣4分，扣分不得超过12分 | 12 | |
| 3 | 灭火器选型 | □1. 干粉型灭火器。<br>□2. 水基(泡沫)型灭火器。<br>□3. 二氧化碳型灭火器 | 未完成1项扣4分，扣分不得超过12分 | 12 | |
| 4 | 触电事故处置 | □1. 拉开闸刀。<br>□2. 选择工具(木棍)。<br>□3. 挑开电线。<br>□4. 移动人员。<br>□5. 心肺复苏。<br>□6. 拨打120 | 未完成1项扣5分，扣分不得超过30分 | 30 | |
| 5 | 火灾事故处置 | □1. 拔。拔掉灭火器上的插销。<br>□2. 提。提起喷嘴，对准火焰根部。<br>□3. 压。压下压把，对准火焰根部进行喷射，直至火焰熄灭。<br>□4. 插。插上插销，放回原位 | 未完成1项扣5分，扣分不得超过20分 | 20 | |
| 6 | 操作现场恢复 | □1. 将试验设备及部件整理恢复原状。<br>□2. 清理场地(工完、料净、场地清) | 未完成1项扣4分，扣分不得超过8分 | 8 | |
| 7 | 资料信息查询 | □1. 能在规定时间内查询所需资料。<br>□2. 能正确记录作业过程存在问题 | 未完成1项扣3分，扣分不得超过6分 | 6 | |
| 合计 | | | | 100 | |

# 模块四

## 低压电工作业操作证实操培训

电工作业属于特种作业，对从业人员专业技能及综合素质要求高。国家规定从事电工特种作业岗位，必须获得电工特种作业操作证，持证上岗。电工特种作业操作证，由应急管理部统一颁发证书，全国通用。电工特种作业操作证分为：高压电工作业操作证、低压电工作业操作证两种，从业人员根据自己从事的电工岗位，考取不同的电工特种作业操作证书。电工特种作业操作证的考核分为理论考试和实操考试两部分，其中理论和实操考试各占 100 分，并要求分别达到 80 分以上为合格，才可获得电工特种作业操作证书。

本模块主要针对低压电工作业操作证实操考核的培训，培训内容有：模拟双控灯接线、模拟单控日光灯接线、模拟分控插座接线、三相电动机点动控制、三相电动机自锁控制、三相电动机正反转控制 6 个项目。

## 项目任务单

| 作业项目 | | 模拟双控灯接线 |
|---|---|---|
| 序号 | 明细 | 作业内容、标准及图例 |
| 1 | 适用范围 | 适用于 10 kV 变配电系统运行维护 |
| 2 | 编制依据 | (1)《国家电网公司电力安全工作规程》。<br>(2)《电力安全工作规程》。<br>(3)低压电工作业操作证考核大纲 |
| 3 | 作业流程 | 作业前准备 → 教师出题，审核考题 → 电路图设计，清点元器件，元器件接线<br>填写记录 ← 作业结束，报告监考教师，清理现场，交卷 ← 作业完毕，确认设备状态，确认设备可以投入作业 |

| 4 | 作业项目及内容 | 作业项目 | 作业内容 |
|---|---|---|---|
| | | 模拟双控灯接线 | (1)双控灯电路图设计。<br>(2)双控灯电路接线 |

| 5 | 准备工作 | 人员准备 | 分工 | 人数 | 要求 | 职责 |
|---|---|---|---|---|---|---|
| | | | 作业人员 | 1 人 | 1. 经过技术安全考试培训。<br>2. 参加电工特种作业操作证考试人员 | 线路接线及通电测试 |

| | | 工具准备 | 名称 | 规格 | 单位 | 数量 |
|---|---|---|---|---|---|---|
| | | | 低压电工作业考试操作台 A | — | 台 | 1 |
| | | | 低压电工作业考试操作台 B | — | 台 | 1 |
| | | | 万用表 | — | 块 | 1 |
| | | | 电工工具 | — | 套 | 1 |
| | | | 连接导线 | — | 根 | 若干 |
| | | | 安全、防护、个人工具及其他工具根据具体作业内容携带 | | | |

续表

| | | 关键问题 | 处置方法 |
|---|---|---|---|
| 6 | 应急处置 | 触电伤害 | 作业人员发生触电时,现场人员应迅速切断电源或使用绝缘工具、干燥的木棒、木板、绳索等不导电的东西解脱触电者,在没有切断电源前,不得盲目施救。触电者脱离电源后,立即就地坚持正确抢救,并设法联系医疗部门接替救治 |
| | | 误操作设备 | 发生误操作时,错合、错断开关后,不得再打开或闭合 |
| 7 | 记录填写 | 考核记录单 | |

# 1.1　双控灯电路图设计

**1. 双控灯控制要求**

(1)考核操作台的电源(L、N),通过单相电能表 Wh 接入双控灯电路。

(2)白炽灯 EL 通过双控开关 S1、S2,实现 A、B 两个地点的闭合和断开控制。

**2. 双控灯电路图**

根据双控灯的控制要求,设计双控灯电路图,如图 4-1-1 所示。

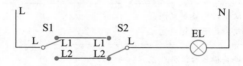

图 4-1-1　双控灯电路图

# 1.2　双控灯电路接线

**1. 电气元件**

双控灯电路所需元器件及元器件接线端子如图 4-1-2 所示。

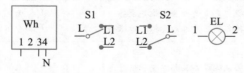

图 4-1-2　双控灯电路各元器件接线端子图

**2. 双控灯电路接线**

(1)进入考核操作台,检查操作台工作状态,审核考试题目。

(2)操作台断电。从负荷侧开始断电,一直到电源侧断电。

(3)将双控开关 S1 的 L1 端与 S2 的 L1 端相连,双控开关 S1 的 L2 端与 S2 的 L2 端相连。

(4)将考核操作台的电源火线 L 端,接入电能表的电流入 1 端;电能表的电流出线 3 端,接入双控开关 S1 的 L 端;双控开关 S2 的 L 端接入白炽灯 EL 的 1 端;白炽灯 EL 的 2 端接入电能表的 4 端;电能表的 4 端接入考核操作台的断路器 QF 的零线 N 端。

(5)接线完毕,反复检查线路。

### 3. 双控灯电路通电测试

(1)电源通电。闭合考核操作台电源侧刀开关 QS,闭合考核操作台电源侧刀断路器 QF。

(2)电路测试。分别闭合、断开双控开关 S1 和 S2,观察白炽灯通、断电状态。

## 项目考核单

| 作业项目 | | 模拟双控灯接线 | | | |
|---|---|---|---|---|---|
| 序号 | 考核项 | 得分条件 | 评分标准 | 配分 | 扣分 |
| 1 | 作业准备 | □1. 操作台。<br>□2. 元器件。<br>□3. 万用表。<br>□4. 导线 | 未完成 1 项扣 3 分,扣分不得超过 12 分 | 12 | |
| 2 | 安全措施 | □1. 作业前,对设备运行情况及外观进行检查。<br>□2. 操作台电源开关检查。<br>□3. 操作台电源指示灯检查。<br>□4. 元器件检查 | 未完成 1 项扣 3 分,扣分不得超过 12 分 | 12 | |
| 4 | 绘制电路图 | □1. 双控灯电路原理图<br>□2. 双控灯电路接线图 | 未完成 1 项扣 10 分,扣分不得超过 20 分 | 20 | |
| 5 | 接线检查 | □1. 检查操作台工作状态。<br>□2. 操作台断电。<br>□3. 单相电能表接线。<br>□4. 双控灯电路接线。<br>□5. 双控灯电路检查 | 未完成 1 项扣 4 分,扣分不得超过 20 分 | 20 | |
| 6 | 通电测试及排故 | □1. 双控灯电路通电测试。<br>□2. 电动机控制线路故障排除 | 未完成 1 项扣 4 分,扣分不得超过 8 分 | 8 | |
| 7 | 操作后汇报 | □1. 操作完成是否全面检查设备。<br>□2. 操作完后是否向考核教师报告 | 未完成 1 项扣 4 分,扣分不得超过 8 分 | 8 | |
| 8 | 操作现场恢复 | □1. 将试验设备及部件整理恢复原状。<br>□2. 清理场地(工完、料净、场地清) | 未完成 1 项扣 4 分,扣分不得超过 8 分 | 8 | |
| 9 | 资料信息查询 | □1. 能在规定时间内查询所需资料。<br>□2. 能正确记录所需元器件。<br>□3. 能正确记录作业过程存在问题 | 未完成 1 项扣 4 分,扣分不得超过 12 分 | 12 | |
| 合计 | | | | 100 | |

## 项目任务单

| 作业项目 | | 模拟单控日光灯接线 | | | |
|---|---|---|---|---|---|
| 序号 | 明细 | 作业内容、标准及图例 | | | |
| 1 | 适用范围 | 适用于 10 kV 变配电系统运行维护 | | | |
| 2 | 编制依据 | (1)《国家电网公司电力安全工作规程》。<br>(2)《电力安全工作规程》。<br>(3)低压电工作业操作证考核大纲 | | | |
| 3 | 作业流程 | 作业前准备 → 教师出题,审核考题 → 电路图设计,清点元器件,元器件接线 → 作业完毕,确认设备状态、确认设备可以投入作业 → 作业结束,报告监考教师,清理现场,交卷 → 填写记录 | | | |
| 4 | 作业项目及内容 | **作业项目**<br>模拟单控日光灯接线 | **作业内容**<br>(1)单控日光灯电路图设计。<br>(2)单控日光灯电路接线 | | |

作业项目及内容表(第4项续):

| 作业项目 | 作业内容 |
|---|---|
| 模拟单控日光灯接线 | (1)单控日光灯电路图设计。<br>(2)单控日光灯电路接线 |

第5项 准备工作：

**人员准备**

| 分工 | 人数 | 要求 | 职责 |
|---|---|---|---|
| 作业人员 | 1人 | 1. 经过技术安全考试培训。<br>2. 参加电工特种作业操作证考试人员 | 线路接线及通电测试 |

**工具准备**

| 名称 | 规格 | 单位 | 数量 |
|---|---|---|---|
| 低压电工作业考试操作台 A | — | 台 | 1 |
| 低压电工作业考试操作台 B | — | 台 | 1 |
| 万用表 | — | 块 | 1 |
| 电工工具 | — | 套 | 1 |
| 连接导线 | — | 根 | 若干 |
| 安全、防护、个人工具及其他工具根据具体作业内容携带 | | | |

| | | 关键问题 | 处置方法 |
|---|---|---|---|
| 6 | 应急处置 | 触电伤害 | 作业人员发生触电时,现场人员应迅速切断电源或使用绝缘工具、干燥的木棒、木板、绳索等不导电的东西解脱触电者,在没有切断电源前,不得盲目施救。触电者脱离电源后,立即就地坚持正确抢救,并设法联系医疗部门接替救治 |
| | | 误操作设备 | 发生误操作时,错合、错断开关后,不得再打开或闭合 |
| 7 | 记录填写 | 考核记录单 | |

## 2.1　单控日光灯电路图设计

**1. 单控日光灯控制要求**

(1)考核操作台的电源(L、N),通过单相电能表接入单控日光灯电路。

(2)用开关控制日光灯闭合和断开。

**2. 单控日光灯电路图**

根据单控日光灯的控制要求,设计单控日光灯电路图,如图 4-2-1 所示。

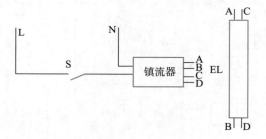

图 4-2-1　单控日光灯电路图

## 2.2　单控日光灯电路接线

**1. 电气元件**

单控日光灯电路所需元器件及元器件接线端子如图 4-2-2 所示。

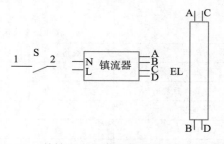

图 4-2-2　单控日光灯电路各元器件接线端子图

**2. 单控日光灯电路接线**

(1)进入考核操作台,检查操作台工作状态,审核考试题目。

(2)操作台断电。从负荷侧开始断电,一直到电源侧断电。

(3)将镇流器的 A、B、C、D 端与日光灯管的 A、B、C、D 端分别相连。

(4)将考核操作台的电源火线 L 端接入电能表的电流入 1 端;电能表的电流出线 3 端接入开关 S 的 1 端;开关 S 的 2 端接入镇流器的 L 端;镇流器的 N 端接入电能表的 4 端;电能表的 4 端接入考核操作台的断路器 QF 的零线 N 端。

(5)接线完毕,反复检查线路。

**3. 单控日光灯电路通电测试**

(1)电源通电。闭合考核操作台电源侧刀开关 QS,闭合考核操作台电源侧刀断路器 QF。

(2)电路测试。闭合、断开开关 S,观察日光灯通、断电状态。

## 项目考核单

| 作业项目 | | 模拟单控日光灯接线 | | | |
|---|---|---|---|---|---|
| 序号 | 考核项 | 得分条件 | 评分标准 | 配分 | 扣分 |
| 1 | 作业准备 | □1. 操作台。<br>□2. 元器件。<br>□3. 万用表。<br>□4. 导线 | 未完成 1 项扣 3 分,扣分不得超过 12 分 | 12 | |
| 2 | 安全措施 | □1. 作业前,对设备运行情况及外观进行检查。<br>□2. 操作台电源开关检查。<br>□3. 操作台电源指示灯检查。<br>□4. 元器件检查 | 未完成 1 项扣 3 分,扣分不得超过 12 分 | 12 | |
| 3 | 绘制电路图 | □1. 单控日光灯电路原理图。<br>□2. 单控日光灯电路接线图 | 未完成 1 项扣 10 分,扣分不得超过 20 分 | 20 | |
| 4 | 接线检查 | □1. 检查操作台工作状态。<br>□2. 操作台断电。<br>□3. 单相电能表接线。<br>□4. 单控日光灯电路接线。<br>□5. 单控日光灯电路检查 | 未完成 1 项扣 4 分,扣分不得超过 20 分 | 20 | |
| 5 | 通电测试及排故 | □1. 单控日光灯电路通电测试。<br>□2. 电动机控制线路故障排除 | 未完成 1 项扣 4 分,扣分不得超过 8 分 | 8 | |
| 6 | 操作后汇报 | □1. 操作完成是否全面检查设备。<br>□2. 操作完后是否向考核教师报告 | 未完成 1 项扣 4 分,扣分不得超过 8 分 | 8 | |
| 7 | 操作现场恢复 | □1. 将试验设备及部件整理恢复原状。<br>□2. 清理场地(工完、料净、场地清) | 未完成 1 项扣 4 分,扣分不得超过 8 分 | 8 | |
| 8 | 资料信息查询 | □1. 能在规定时间内查询所需资料。<br>□2. 能正确记录所需元器件。<br>□3. 能正确记录作业过程存在问题 | 未完成 1 项扣 4 分,扣分不得超过 12 分 | 12 | |
| 合计 | | | | 100 | |

# 项目任务单

| 作业项目 | | 模拟分控插座接线 | | | |
|---|---|---|---|---|---|
| 序号 | 明细 | 作业内容、标准及图例 | | | |
| 1 | 适用范围 | 适用于 10 kV 变配电系统运行维护 | | | |
| 2 | 编制依据 | (1)《国家电网公司电力安全工作规程》。<br>(2)《电力安全工作规程》。<br>(3)低压电工作业操作证考核大纲 | | | |
| 3 | 作业流程 | 作业前准备 → 教师出题，审核考题 → 电路图设计，清点元器件，元器件接线<br>填写记录 ← 作业结束，报告监考教师，清理现场，交卷 ← 作业完毕，确认设备状态、确认设备可以投入作业 | | | |

| 4 | 作业项目及内容 | 作业项目 | 作业内容 | | |
|---|---|---|---|---|---|
| | | 模拟分控插座接线 | (1)分控插座电路图设计。<br>(2)分控插座电路接线 | | |

| 5 | 准备工作 | 人员准备 | | | |
|---|---|---|---|---|---|

| | | 分工 | 人数 | 要求 | 职责 |
|---|---|---|---|---|---|
| | | 作业人员 | 1 人 | 1. 经过技术安全考试培训。<br>2. 参加电工特种作业操作证考试人员 | 线路接线及通电测试 |

| 工具准备 | 名称 | 规格 | 单位 | 数量 |
|---|---|---|---|---|
| | 低压电工作业考试操作台 A | — | 台 | 1 |
| | 低压电工作业考试操作台 B | — | 台 | 1 |
| | 万用表 | — | 块 | 1 |
| | 电工工具 | — | 套 | 1 |
| | 连接导线 | — | 根 | 若干 |

安全、防护、个人工具及其他工具根据具体作业内容携带

| | | 关键问题 | 处置方法 |
|---|---|---|---|
| 6 | 应急处置 | 触电伤害 | 作业人员发生触电时,现场人员应迅速切断电源或使用绝缘工具、干燥的木棒、木板、绳索等不导电的东西解脱触电者,在没有切断电源前,不得盲目施救。触电者脱离电源后,立即就地坚持正确抢救,并设法联系医疗部门接替救治 |
| | | 误操作设备 | 发生误操作时,错合、错断开关后,不得再打开或闭合 |
| 7 | 记录填写 | 考核记录单 | |

# 3.1　分控插座电路图设计

**1. 分控插座控制要求**

(1)考核操作台的电源(L、N),通过单相电能表接入分控插座电路。

(2)分别用断路器 QF1、QF2 控制两条支路上的 5 孔插座 XS1、XS2。

**2. 分控插座电路图**

根据分控插座的控制要求,设计分控插座电路图,如图 4-3-1 所示。

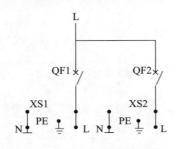

图 4-3-1　分控插座电路图

# 3.2　分控插座电路接线

**1. 电气元件**

分控插座电路所需元器件及元器件接线端子如图 4-3-2 所示。

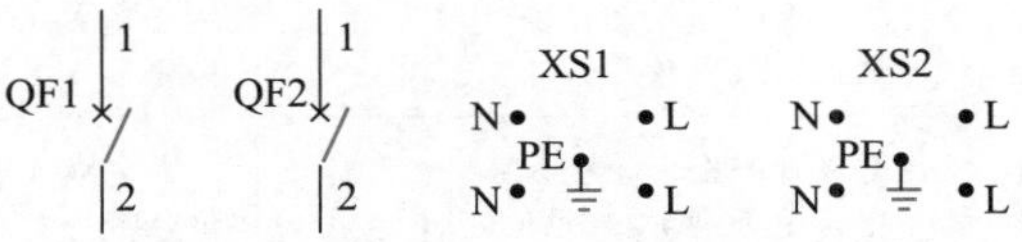

图 4-3-2　分控插座电路个元器件接线端子图

**2. 分控插座电路接线**

(1)进入考核操作台,检查操作台工作状态,审核考试题目。

(2)操作台断电。从负荷侧开始断电,一直到电源侧断电。

(3)将断路器 QF1、QF2 的上部 1 端相连。

(4)将 5 孔插座 XS1 的两个零线 N 端相连、两个火线 L 端相连;将 5 孔插座 XS2 的两个零线 N 端相连、两个火线 L 端相连。

(5)将考核操作的电源火线 L 端，接入电能表的电流入 1 端；电能表的电流出线 3 端，接入断路器 QF1 的上部 1 端。

(6)断路器 QF1 的下部 2 端，接入 5 孔插座 AX1 火线 L 端；断路器 QF2 的下部 2 端，接入 5 孔插座 AX2 火线 L 端。

(7)将考核操作台的断路器 QF 的零线 N 端，接入电能表的 4 端；电能表的 4 端，接入插座 XS1 的零线 N 端；将插座 XS1 的零线 N 端与插座 XS2 的零线 N 端相连。

(8)将插座 XS1、XS2 的地线 PE 端相连后，接入考核操作台电源侧的接地线 PE 端。

(9)接线完毕，反复检查线路。

**3. 分控插座电路通电测试**

闭合考核操作台电源侧刀开关 QS,闭合考核操作台电源侧刀断路器 QF,进行电路通电测试。

## 项目考核单

| 作业项目 | | 模拟分控插座接线 | | | |
|---|---|---|---|---|---|
| 序号 | 考核项 | 得分条件 | 评分标准 | 配分 | 扣分 |
| 1 | 作业准备 | □1. 操作台。<br>□2. 元器件。<br>□3. 万用表。<br>□4. 导线 | 未完成 1 项扣 3 分，扣分不得超过 12 分 | 12 | |
| 2 | 安全措施 | □1. 作业前,对设备运行情况及外观进行检查。<br>□2. 操作台电源开关检查。<br>□3. 操作台电源指示灯检查。<br>□4. 元器件检查 | 未完成 1 项扣 3 分，扣分不得超过 12 分 | 12 | |
| 3 | 绘制电路图 | □1. 分控插座电路原理图。<br>□2. 分控插座电路接线图 | 未完成 1 项扣 10 分,扣分不得超过 20 分 | 20 | |
| 4 | 接线检查 | □1. 检查操作台工作状态。<br>□2. 操作台断电。<br>□3. 单相电能表接线。<br>□4. 分控插座电路接线。<br>□5. 分控插座电路检查 | 未完成 1 项扣 4 分，扣分不得超过 20 分 | 20 | |
| 5 | 通电测试及排故 | □1. 分控插座电路通电测试。<br>□2. 电动机控制线路故障排除 | 未完成 1 项扣 4 分，扣分不得超过 8 分 | 8 | |
| 6 | 操作后汇报 | □1. 操作完成是否全面检查设备。<br>□2. 操作完后是否向考核教师报告 | 未完成 1 项扣 4 分，扣分不得超过 8 分 | 8 | |
| 7 | 操作现场恢复 | □1. 将试验设备及部件整理恢复原状。<br>□2. 清理场地(工完、料净、场地清) | 未完成 1 项扣 4 分，扣分不得超过 8 分 | 8 | |
| 8 | 资料信息查询 | □1. 能在规定时间内查询所需资料。<br>□2. 能正确记录所需元器件。<br>□3. 能正确记录作业过程存在问题 | 未完成 1 项扣 4 分，扣分不得超过 12 分 | 12 | |
| 合计 | | | | 100 | |

## 项目任务单

| 作业项目 | | 三相电动机点动控制 | | | |
|---|---|---|---|---|---|
| 序号 | 明细 | 作业内容、标准及图例 | | | |
| 1 | 适用范围 | 适用于 10 kV 变配电系统运行维护 | | | |
| 2 | 编制依据 | (1)《国家电网公司电力安全工作规程》。<br>(2)《电力安全工作规程》。<br>(3)低压电工作业操作证考核大纲 | | | |
| 3 | 作业流程 | 作业前准备 → 教师出题，审核考题 → 电路图设计，清点元器件，元器件接线<br><br>填写记录 ← 作业结束，报告监考教师，清理现场，交卷 ← 作业完毕，确认设备状态、确认设备可以投入作业 | | | |

| 4 | 作业项目及内容 | 作业项目 | 作业内容 | | | |
|---|---|---|---|---|---|---|
| | | 三相电动机点动控制 | (1)三相电动机点动控制线路设计。<br>(2)三相电动机点动控制线路接线 | | | |

| 5 | 准备工作 | 人员准备 | 分工 | 人数 | 要求 | 职责 |
|---|---|---|---|---|---|---|
| | | | 作业人员 | 1人 | 1. 经过技术安全考试培训。<br>2. 参加电工特种作业操作证考试人员 | 线路接线及通电测试 |

| | | 工具准备 | 名称 | 规格 | 单位 | 数量 |
|---|---|---|---|---|---|---|
| | | | 低压电工作业考试操作台 A | — | 台 | 1 |
| | | | 低压电工作业考试操作台 B | — | 台 | 1 |
| | | | 万用表 | — | 块 | 1 |
| | | | 电工工具 | — | 套 | 1 |
| | | | 连接导线 | — | 根 | 若干 |
| | | | 安全、防护、个人工具及其他工具根据具体作业内容携带 | | | |

续表

| | | 关键问题 | 处置方法 |
|---|---|---|---|
| 6 | 应急处置 | 触电伤害 | 作业人员发生触电时，现场人员应迅速切断电源或使用绝缘工具、干燥的木棒、木板、绳索等不导电的东西解脱触电者，在没有切断电源前，不得盲目施救。触电者脱离电源后，立即就地坚持正确抢救，并设法联系医疗部门接替救治 |
| | | 误操作设备 | 发生误操作时，错合、错断开关后，不得再打开或闭合 |
| 7 | 记录填写 | 考核记录单 | |

# 4.1　三相电动机点动控制线路设计

## 1. 电动机点动控制要求
用按钮 SB 控制三相电动机 M 点动运行。

## 2. 三相电动机点动控制线路
根据三相电动机点动控制要求，设计三相电动机点动控制线路，如图 4-4-1 所示。

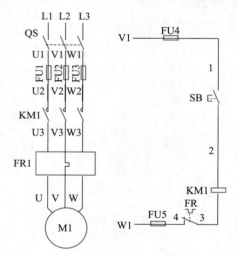

图 4-4-1　电动机点动控制线路图

# 4.2　电动机点动控制线路接线

## 1. 控制线路接线
(1)进入考核操作台，检查操作台工作状态，审核考试题目。
(2)操作台断电。从负荷侧开始断电，一直到电源侧断电。
(3)主电路接线。
①从三相刀开关 QS 的下端分别引出三根火线（U1、V1、W1），分别接入熔断器 FU1、FU2、FU3 的进线端。

② 熔断器 FU1、FU2、FU3 的出线端,分别引出三根火线(U2、V2、W2)接入接触器 KM1 主触头的进线端。

③ 接触器 KM1 主触头的出线端,分别引出三根火线(U3、V3、W3)接入热继电器 FR 的进线端。

④ 热继电器 FR 的出线端,分别接入电动机 M 的三根火线(U、V、W)。

(4)控制电路接线。

① 熔断器 FU4 上部进线端与熔断器 FU2 上部进线端相连;熔断器 FU4 下部出线端,接入按钮 SB 进线端。

②按钮 SB 出线端,接入接触器 KM1 线圈的进线端;接触器 KM1 线圈的出线端,接入热继电器 FR 常闭辅助触头的进线端;热继电器 FR 常闭辅助触头的出线端,接入熔断器 FU5 下部出线端。

③熔断器 FU5 上部进线端与熔断器 FU3 上部进线端相连。

**2. 控制线路调试运行**

(1)合上考核操作台电源侧三相刀开关 QS。

(2)按下按钮 SB,电动机 M 运行;手离开按钮 SB,电动机 M 停转。

## 项目考核单

| 作业项目 | | 三相电动机点动控制 | | | |
|---|---|---|---|---|---|
| 序号 | 考核项 | 得分条件 | 评分标准 | 配分 | 扣分 |
| 1 | 作业准备 | □1. 操作台。<br>□2. 元器件。<br>□3. 万用表。<br>□4. 导线 | 未完成 1 项扣 3 分,扣分不得超过 12 分 | 12 | |
| 2 | 安全措施 | □1. 作业前,对设备运行情况及外观进行检查。<br>□2. 操作台电源开关检查。<br>□3. 操作台电源指示灯检查。<br>□4. 元器件检查 | 未完成 1 项扣 3 分,扣分不得超过 12 分 | 12 | |
| 3 | 绘制电路图 | □1. 三相电动机点动控制线路原理图。<br>□2. 三相电动机点动控制线路接线图 | 未完成 1 项扣 10 分,扣分不得超过 20 分 | 20 | |
| 4 | 接线检查 | □1. 检查操作台工作状态。<br>□2. 操作台断电。<br>□3. 三相电动机点动控制线路接线。<br>□4. 三相电动机点动控制线路检查 | 未完成 1 项扣 5 分,扣分不得超过 20 分 | 20 | |
| 5 | 通电测试及排故 | □1. 三相电动机点动控制线路测试。<br>□2. 照明电路故障排除 | 未完成 1 项扣 4 分,扣分不得超过 8 分 | 8 | |

| 作业项目 | | 三相电动机点动控制 | | | |
|---|---|---|---|---|---|
| 序号 | 考核项 | 得分条件 | 评分标准 | 配分 | 扣分 |
| 6 | 操作后汇报 | □1. 操作完成是否全面检查设备。<br>□2. 操作完后是否向考核教师报告 | 未完成1项扣4分,扣分不得超过8分 | 8 | |
| 7 | 操作现场恢复 | □1. 将试验设备及部件整理恢复原状。<br>□2. 清理场地(工完、料净、场地清) | 未完成1项扣4分,扣分不得超过8分 | 8 | |
| 8 | 资料信息查询 | □1. 能在规定时间内查询所需资料。<br>□2. 能正确记录所需元器件。<br>□3. 能正确记录作业过程存在问题 | 未完成1项扣4分,扣分不得超过12分 | 12 | |
| | | 合计 | | 100 | |

项目 5
三相电动机自锁控制

**项目任务单**

| 作业项目 | | 三相电动机自锁控制 | | | |
|---|---|---|---|---|---|
| 序号 | 明细 | 作业内容、标准及图例 | | | |
| 1 | 适用范围 | 适用于 10 kV 变配电系统运行维护 | | | |
| 2 | 编制依据 | (1)《国家电网公司电力安全工作规程》。<br>(2)《电力安全工作规程》。<br>(3)低压电工作业操作证考核大纲 | | | |
| 3 | 作业流程 | 作业前准备 → 教师出题，审核考题 → 电路图设计，清点元器件，元器件接线<br>填写记录 ← 作业结束，报告监考教师，清理现场，交卷 ← 作业完毕，确认设备状态、确认设备可以投入作业 | | | |

| 4 | 作业项目及内容 | 作业项目 | 作业内容 | | |
|---|---|---|---|---|---|
| | | 三相电动机自锁控制 | (1)三相电动机自锁控制线路设计。<br>(2)三相电动机自锁控制线路接线 | | |

| 5 | 准备工作 | 人员准备 | 分工 | 人数 | 要求 | 职责 |
|---|---|---|---|---|---|---|
| | | | 作业人员 | 1人 | 1. 经过技术安全考试培训。<br>2. 参加电工特种作业操作证考试人员 | 线路接线及通电测试 |

| | | 工具准备 | 名称 | 规格 | 单位 | 数量 |
|---|---|---|---|---|---|---|
| | | | 低压电工作业考试操作台 A | — | 台 | 1 |
| | | | 低压电工作业考试操作台 B | — | 台 | 1 |
| | | | 万用表 | — | 块 | 1 |
| | | | 电工工具 | — | 套 | 1 |
| | | | 连接导线 | — | 根 | 若干 |
| | | | 安全、防护、个人工具及其他工具根据具体作业内容携带 | | | |

171

续表

| 6 | 应急处置 | 关键问题 | 处置方法 |
|---|---|---|---|
| | | 触电伤害 | 作业人员发生触电时,现场人员应迅速切断电源或使用绝缘工具、干燥的木棒、木板、绳索等不导电的东西解脱触电者,在没有切断电源前,不得盲目施救。触电者脱离电源后,立即就地坚持正确抢救,并设法联系医疗部门接替救治 |
| | | 误操作设备 | 发生误操作时,错合、错断开关后,不得再打开或闭合 |

# 5.1 三相电动机自锁控制线路设计

## 1. 电动机自锁控制要求

用按钮 SB1 控制三相电动机 M 运行,用按钮 SB2 控制三相电动机 M 停转。

## 2. 三相电动机自锁控制线路图

根据三相电动机自锁控制要求,设计三相电动机自锁控制线路,如图 4-5-1 所示。

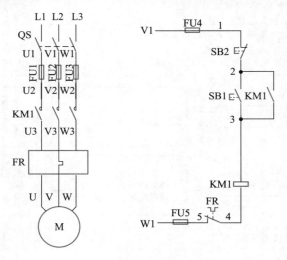

图 4-5-1 电动机自锁控制线路图

# 5.2 电动机自锁控制线路接线

## 1. 控制线路接线

(1)进入考核操作台,检查操作台工作状态,审核考试题目。

(2)操作台断电。从负荷侧开始断电,一直到电源侧断电。

(3)主电路接线。

① 从三相刀开关 QS 的下端分别引出三根火线(U1、V1、W1),分别接入熔断器 FU1、FU2、FU3 的进线端。

② 熔断器 FU1、FU2、FU3 的出线端分别引出三根火线(U2、V2、W2),分别接入接触器 KM1 主触头的进线端。

③ 接触器 KM1 主触头的出线端分别引出三根火线（U3、V3、W3），分别接入热继电器 FR 的进线端。

④ 热继电器 FR 的出线端分别接入电动机 M 的三根火线（U、V、W）。

（4）控制电路接线。

① 熔断器 FU4 上部进线端与熔断器 FU2 上部进线端相连；熔断器 FU4 下部出线端，接入按钮 SB2 进线端。

②按钮 SB2 出线端接入按钮 SB1 进线端；按钮 SB1 出线端接入接触器 KM1 线圈的进线端；接触器 KM1 线圈的出线端接入热继电器 FR 常闭辅助触头的进线端；热继电器 FR 常闭辅助触头的出线端接入熔断器 FU5 下部出线端。

③熔断器 FU5 上部进线端与熔断器 FU3 上部进线端相连。

④ 启动按钮 SB1 自锁。在按钮 SB1 两端分别引出两根导线，分别接入接触器 KM1 常开辅助触头两端。

**2. 控制线路调试运行**

（1）合上考核操作台电源侧三相刀开关 QS。

（2）按下启动按钮 SB1，电动机 M 运行；按下停止按钮 SB2，电动机 M 停转。

## 项目考核单

| 作业项目 | | 三相电动机自锁控制 | | | |
|---|---|---|---|---|---|
| 序号 | 考核项 | 得分条件 | 评分标准 | 配分 | 扣分 |
| 1 | 作业准备 | □1. 操作台。<br>□2. 元器件。<br>□3. 万用表。<br>□4. 导线 | 未完成 1 项扣 3 分，扣分不得超过 12 分 | 12 | |
| 2 | 安全措施 | □1. 作业前，对设备运行情况及外观进行检查。<br>□2. 操作台电源开关检查。<br>□3. 操作台电源指示灯检查。<br>□4. 元器件检查 | 未完成 1 项扣 3 分，扣分不得超过 12 分 | 12 | |
| 3 | 绘制电路图 | □1. 三相电动机自锁控制线路原理图。<br>□2. 三相电动机自锁控制线路接线图 | 未完成 1 项扣 10 分，扣分不得超过 20 分 | 20 | |
| 4 | 接线检查 | □1. 检查操作台工作状态。<br>□2. 操作台断电。<br>□3. 三相电动机自锁控制线路接线。<br>□4. 三相电动机自锁控制线路检查 | 未完成 1 项扣 5 分，扣分不得超过 20 分 | 20 | |
| 5 | 通电测试及排故 | □1. 三相电动机自锁控制线路测试。<br>□2. 照明电路故障排除 | 未完成 1 项扣 4 分，扣分不得超过 8 分 | 8 | |

| 作业项目 | | 三相电动机自锁控制 | | | |
|---|---|---|---|---|---|
| 序号 | 考核项 | 得分条件 | 评分标准 | 配分 | 扣分 |
| 6 | 操作后汇报 | □1. 操作完成是否全面检查设备。<br>□2. 操作完后是否向考核教师报告 | 未完成1项扣4分,扣分不得超过8分 | 8 | |
| 7 | 操作现场恢复 | □1. 将试验设备及部件整理恢复原状。<br>□2. 清理场地(工完、料净、场地清) | 未完成1项扣4分,扣分不得超过8分 | 8 | |
| 8 | 资料信息查询 | □1. 能在规定时间内查询所需资料。<br>□2. 能正确记录所需元器件。<br>□3 能正确记录作业过程存在问题 | 未完成1项扣4分,扣分不得超过12分 | 12 | |
| 合计 | | | | 100 | |

# 项目 6
# 三相电动机正反转控制

## 项目任务单

| 作业项目 | | 三相电动机正反转控制 |
|---|---|---|
| 序号 | 明细 | 作业内容、标准及图例 |
| 1 | 适用范围 | 适用于 10 kV 变配电系统运行维护 |
| 2 | 编制依据 | (1)《国家电网公司电力安全工作规程》。<br>(2)《电力安全工作规程》。<br>(3)低压电工作业操作证考核大纲 |
| 3 | 作业流程 | 作业前准备 → 教师出题，审核考题 → 电路图设计，清点元器件，元器件接线<br>填写记录 ← 作业结束，报告监考教师，清理现场，交卷 ← 作业完毕，确认设备状态、确认设备可以投入作业 |

| 4 | 作业项目及内容 | 作业项目 | 作业内容 |
|---|---|---|---|
| | | 三相电动机正反转控制 | (1)三相电动机正反转控制线路设计。<br>(2)三相电动机正反转控制线路接线 |

| 5 | 准备工作 | | | | | | |
|---|---|---|---|---|---|---|---|
| | | 人员准备 | 分工 | 人数 | 要求 | | 职责 |
| | | | 作业人员 | 1 人 | 1. 经过技术安全考试培训。<br>2. 参加电工特种作业操作证考试人员 | | 线路接线及通电测试 |
| | | 工具准备 | 名称 | | 规格 | 单位 | 数量 |
| | | | 低压电工作业考试操作台 A | | — | 台 | 1 |
| | | | 低压电工作业考试操作台 B | | — | 台 | 1 |
| | | | 万用表 | | — | 块 | 1 |
| | | | 电工工具 | | — | 套 | 1 |
| | | | 连接导线 | | — | 根 | 若干 |
| | | | 安全、防护、个人工具及其他工具根据具体作业内容携带 | | | | |

续表

| | | 关键问题 | 处置方法 |
|---|---|---|---|
| 6 | 应急处置 | 触电伤害 | 作业人员发生触电时,现场人员应迅速切断电源或使用绝缘工具、干燥的木棒、木板、绳索等不导电的东西解脱触电者,在没有切断电源前,不得盲目施救。触电者脱离电源后,立即就地坚持正确抢救,并设法联系医疗部门接替救治 |
| | | 误操作设备 | 发生误操作时,错合、错分开关后,不得再打开或闭合 |
| 7 | 记录填写 | 考核记录单 | |

## 6.1　三相电动机正反转控制线路设计

**1. 电动机正反转控制要求**

(1)用正转按钮 SB1 控制三相电动机 M 正向运行;用反转按钮 SB2 控制三相电动机 M 反向运行。

(2)用停止按钮 SB 控制电动机 M 停转。

**2. 三相电动机正反转控制线路**

根据三相电动机正反转控制要求,设计三相电动机正反转控制线路,如图 4-6-1 所示。

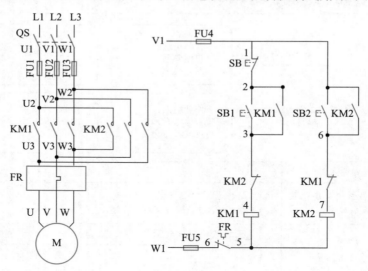

图 4-6-1　电动机正反转控制线路图

## 6.2　电动机正反转控制线路接线

**1. 控制线路接线**

(1)进入考核操作台,检查操作台工作状态,审核考试题目。

(2)操作台断电。从负荷侧开始断电,一直到电源侧断电。

(3)主电路接线。

① 从三相刀开关 QS 的下端分别引出三根火线(U1、V1、W1),分别接入熔断器 FU1、

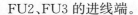

FU2、FU3 的进线端。

② 熔断器 FU1、FU2、FU3 的出线端分别引出三根火线（U2、V2、W2），分别接入接触器 KM1 主触头的进线端。

③ 接触器 KM1 主触头的出线端分别引出三根火线（U3、V3、W3），分别接入热继电器 FR 的进线端。

④ 热继电器 FR 的出线端分别接入电动机 M 的三根火线（U、V、W）。

⑤ 接触器 KM2 主触头上部进线端（1、3、5）分别与接触器 KM1 主触头上部进线端（1、3、5）相接；接触器 KM2 主触头下部出线端 2 与接触器 KM1 主触头下部出线端 2 相接；接触器 KM2 主触头下部出线端 1 与接触器 KM1 主触头下部出线端 3；接触器 KM2 主触头下部出线端 3 与接触器 KM1 主触头下部出线端 1 相接。

（4）正转控制支路接线。

① 熔断器 FU4 上部进线端与熔断器 FU2 上部进线端相连；熔断器 FU4 下部出线端，接入按钮 SB 进线端。

②按钮 SB 出线端接入按钮 SB1 进线端；按钮 SB1 出线端接入反转接触器 KM2 常闭辅助触头进线端；反转接触器 KM2 常闭辅助触头出线端接入正转接触器 KM1 线圈的进线端；正转接触器 KM1 线圈的出线端接入热继电器 FR 常闭辅助触头的进线端；热继电器 FR 常闭辅助触头的出线端接入熔断器 FU5 下部出线端。

③熔断器 FU5 上部进线端与熔断器 FU3 上部进线端相连。

④正转启动按钮 SB1 自锁。在正转启动按钮 SB1 两端分别引出两根导线，分别接入正转接触器 KM1 常开辅助触头两端。

（4）反转控制支路接线。

①反转启动按钮 SB2 进线端接入停止按钮 SB 出线端；反转启动按钮 SB2 出线端接入正转接触器 KM1 常闭辅助触头进线端；正转接触器 KM1 常闭辅助触头出线端接入反转接触器 KM2 线圈的进线端；反转接触器 KM2 线圈的出线端接入热继电器 FR 常闭辅助触头的进线端。

② 反转启动按钮 SB2 自锁。在反转启动按钮 SB2 两端分别引出两根导线，分别接入反转接触器 KM2 常开辅助触头两端。

**2. 调试运行控制线路**

（1）合上考核操作台电源侧三相刀开关 QS。

（2）按下正转启动按钮 SB1，电动机 M 正向运行；按下停止按钮 SB2，电动机 M 停转。

（3）按下反转启动按钮 SB2，电动机 M 反向运行；按下停止按钮 SB2，电动机 M 停转。

项目考核单

| 作业项目 | | 三相电动机正反转控制 | | | |
|---|---|---|---|---|---|
| 序号 | 考核项 | 得分条件 | 评分标准 | 配分 | 扣分 |
| 1 | 作业准备 | □1. 操作台。<br>□2. 元器件。<br>□3. 万用表。<br>□4. 导线 | 未完成 1 项扣 3 分，扣分不得超过 12 分 | 12 | |

| 作业项目 | | 三相电动机正反转控制 | | | |
|---|---|---|---|---|---|
| 序号 | 考核项 | 得分条件 | 评分标准 | 配分 | 扣分 |
| 2 | 安全措施 | □1. 作业前,对设备运行情况及外观进行检查。<br>□2. 操作台电源开关检查。<br>□3. 操作台电源指示灯检查。<br>□4. 元器件检查 | 未完成1项扣3分,扣分不得超过12分 | 12 | |
| 3 | 绘制电路图 | □1. 三相电动机正反转控制线路原理图。<br>□2. 三相电动机正反转控制线路接线图 | 未完成1项扣10分,扣分不得超过20分 | 20 | |
| 4 | 接线检查 | □1. 检查操作台工作状态。<br>□2. 操作台断电。<br>□3. 三相电动机正反转控制线路接线。<br>□4. 三相电动机正反转控制线路检查 | 未完成1项扣5分,扣分不得超过20分 | 20 | |
| 5 | 通电测试及排故 | □1. 三相电动机正反转控制线路测试。<br>□2. 照明电路故障排除 | 未完成1项扣4分,扣分不得超过8分 | 8 | |
| 6 | 操作后汇报 | □1. 操作完成是否全面检查设备。<br>□2. 操作完后是否向考核教师报告 | 未完成1项扣4分,扣分不得超过8分 | 8 | |
| 7 | 操作现场恢复 | □1. 将试验设备及部件整理恢复原状。<br>□2. 清理场地(工完、料净、场地清) | 未完成1项扣4分,扣分不得超过8分 | 8 | |
| 8 | 资料信息查询 | □1. 能在规定时间内查询所需资料。<br>□2. 能正确记录所需元器件。<br>□3. 能正确记录作业过程存在问题 | 未完成1项扣4分,扣分不得超过12分 | 12 | |
| 合计 | | | | 100 | |

# 模块五

## 轨道交通电气设备装调"1+X"证书实操培训

　　轨道交通电气设备装调"1＋X"证书主要面向机电、电气、轨道交通控制的企事业单位的电气产品设计、研发、生产、制造、运维部门中从事电气产品设计与研发、电气产品生产与制造、电气产品维护与检修等工作的人员。他们的主要职责是根据产品技术文件要求,掌握电器选型、电气控制电路应用、电气设计等知识,具备轨道装备电气控制设计、安装、调试、维护等能力,能从事轨道装备电气控制设计、安装、调试、维护等工作。

　　本模块主要针对轨道交通电气设备装调"1＋X"证书实操考核的培训,培训内容有搅拌机电气控制柜的制作与调试、机床顺序启动电气控制柜的制作与调试、粉碎机电气控制柜的制作与调试、车床电气控制柜的制作与调试 4 个项目。

# 搅拌机电气控制柜的制作与调试

## 项目任务单

| 项目编号 | 1 | 项目名称 | 搅拌机电气控制柜制作与调试 | 学时 | |
|---|---|---|---|---|---|
| 目的 | | | 1. 熟悉搅拌机的工作过程。<br>2. 熟悉常用电气元件的结构和工作原理。<br>3. 能够设计搅拌机电气控制柜原理图。<br>4. 能够绘制搅拌机电气控制柜布置图。<br>5. 能够绘制搅拌机电气控制柜接线图。<br>6. 能够制作搅拌机电气控制柜 | | |
| 工艺要求<br>及参数 | | | ◆搅拌机结构简介。<br>◆电动机铭牌参数：<br>1. 电动机：Y160M-4,11 kW,23A,1 450 r/min。<br>2. 电动机正常运行时为 Y 形连接。<br>◆控制要求如下：<br>1. 电动机正反转。<br>2. 操作面板上设有正、反转指示灯。<br>3. 电动机没工作有指示 | | |
| 工具 | | | 1. 多媒体教学设备。<br>2. 微机。<br>3. 电气控制柜实训操作台。<br>4. 电路设计绘图软件。<br>5. 实用电工手册 | | |
| 提交成果 | | | 1. 搅拌机电气控制柜原理图。<br>2. 搅拌机电气控制柜布置图。<br>3. 搅拌机电气控制柜接线图。<br>4. 搅拌机电气控制柜外观图。<br>5. 搅拌机电气控制柜 | | |

## 1.1 搅拌机电气控制柜原理图设计

**1. 搅拌机的工艺概况**

搅拌机是一种建筑工程机械,主是用于搅拌水泥、沙石、各类干粉砂浆等建筑材料。它是一种带有叶片的轴在圆筒或槽中旋转,将多种原料进行搅拌混合,使之成为一种混合物或适宜稠度的机器。搅拌机的外形如图 5-1-1 所示。

图 5-1-1　搅拌机外形

（1）电动机铭牌参数

①电动机：Y160M-4,11 kW,23A,1 450 r/min。

②电动机正常运行时为 Y 形连接。

（2）控制要求

①电动机 M 可以正、反方向运行。

②操作面板上设有正、反转指示灯。

③电动机没工作时有指示。

**2. 设计搅拌机电气控制柜原理图**

（1）搅拌机电气控制柜主电路

根据控制要求,采用断路器 QF（自动空气开关）作为搅拌机电气控制柜的电源引入开关。采用接触器 KM1 控制电动机 M 正向运行,接触器 KM2 控制电动机 M 反向运行;热继电器 FR 实现对电动机 M 过载保护;由此设计搅拌机电气控制柜主电路,如图 5-1-2 所示。

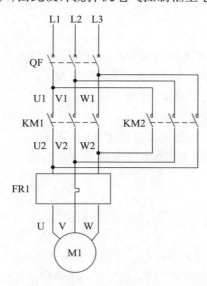

图 5-1-2　搅拌机电气控制柜主电路

（2）搅拌机电气控制柜控制电路

根据控制要求,用两个启动按钮 SB1 和 SB2 分别控制电动机 M 正反方向启动,只用一个停止按钮 SB,控制电动机 M 停车(不论电动机 M 正向还是反向运行,都由 SB 控制停车)。

在接触器 KM1、KM2 线圈两端各并联指示灯 HL1、HL2,用于显示电动机正向和反向运行状态。要求电动机在没工作时有指示灯,因此在指示灯 HL3 支路中,分别串联 KM1、KM2 常闭辅助触头。搅拌机电气控制柜控制电路如图 5-1-3 所示。

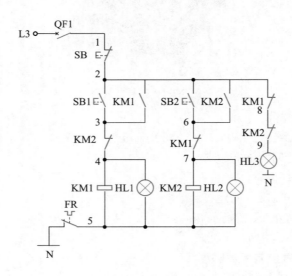

图 5-1-3　搅拌机电气控制柜控制电路

# 1.2　搅拌机电气控制柜布置图、接线图设计

**1. 电气控制柜布置图**

根据电气安装规范要求,在安装底板和控制面板上合理地布置电气元器件。结合电气原理图的控制顺序对电器元件进行合理布局,具体要求如下:

(1)连接导线最短,导线交叉最少,方便引线。

(2)尽量节省材料,减小底板的面积。

(3)布置控制面板元器件时,要考虑方便操作、易于记忆。

电器元件布置图完成之后,再依据电气安装接线图的绘制原则及相应的注意事项进行电气安装接线图的绘制。

**2. 电气控制柜接线图**

根据电气元器件原理图和布置图绘制接线图,各元器件的相对位置与实际安装位置要相对一致。绘制要求如下:

(1)一个元器件的所有部件画在一起,并用虚线框框起来。

(2)在元器件各部件上要标有线号,其线号要与控制柜原理图中,所标的线号一致。

(3)所有元器件的图形符号和文字符号必须与原理图中的一致。

因为控制柜面板门打开关闭比较频繁,所以安装底板与控制面板之间元器件的接线需通过接线端子排 XT2 来实现,端子排 XT2 应放在门轴一侧。端子排 XT2 接线如图 5-1-4 所示。

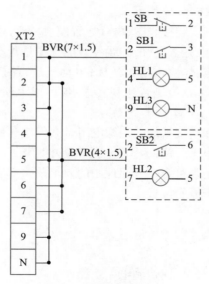

图 5-1-4　端子排 XT2 接线

**3. 设计电气控制柜外观图**

(1)根据安装底板的尺寸,设计电气控制柜柜体大小。

(2)控制柜面板上的电气元器件要布局合理、便于工作人员操作。

(3)考虑元器件通电后会散发热量,应在柜上做排气孔。

(4)整体要美观。

# 1.3　搅拌机控制柜导线连接

接线时应按照电气安装接线图的要求,并结合电气原理图中的导线编号及配线要求进行。

**1. 接线方法**

所有导线的连接必须牢固,不得松劲。在任何情况下,连接器件必须与连接的导线截面和材料性质相适应,导线与端子的接线,一般一个端子只连接一根导线。有些端子不适合连接软导线时,可在导线端头上采用针形、叉形等冷压接线头。如果采用专门设计的端子,可以连接两根或多根导线,但导线的连接方式必须是工艺上成熟的各种方式,如夹紧、压接、焊接、绕接等。导线的接头除必须采用焊接方法外,所有导线应当采用冷压接线头。若电气设备在运行时承受的振动很大,则不许采用焊接的方式。

根据接线图或原理图,将线号相同各点用导线连接,并在导线两端穿上线号。线号分别从导线的端头开始读数。

**2. 导线的标志**

保护导线采用黄绿双色;动力电路的中性线采用浅蓝色;交流控制电路采用黑线或灰线。

# 1.4　搅拌机电气控制柜调试运行

**1. 试车前的准备工作**

(1)试车前必须了解各种电气设备和整个电气系统的功能,掌握试车的方法和步骤。

（2）做好试车前的检查工作，具体如下：

①根据电气原理图和电气安装接线图、电气布置图，检查各电器元件的位置是否正确，并检查其外观有无损坏；触点接触是否良好；配线导线的选择是否符合要求；柜内和柜外的接线是否正确、可靠及接线的各种具体要求是否达标；电动机运行时有无卡壳现象；各种操作、复位机构是否灵活；保护电器的整定值是否达到要求；各种指示和信号装置是否按要求发出指定信号等。

②用兆欧表检查电动机和连接导线的绝缘电阻。其值应分别符合各自的绝缘电阻要求，要求连接导线的绝缘电阻不小于 7 MΩ，电动机的绝缘电阻不小于 0.5 MΩ 等。

③检查各电器元件动作是否符合电气原理图的要求及生产工艺要求。

④检查各开关按钮应处于原始位置。

**2. 通电试车**

在调试前的准备工作完成之后方可进行试车。

（1）空操作试车

①断开主电路，接通电源开关，使控制电路空操作。

②检查控制电路的工作情况，如按钮对继电器、接触器的控制作用；自锁、连锁的功能；时间继电器的延时时间等。如有异常，立刻切断电源开关检查原因。

（2）空载试车

①接通主电路，先点动检查各电动机的转向及转速是否符合要求。

②调整好保护电器的整定值，检查指示信号和照明灯的完好性等。

（3）带负荷试车

①在正常的工作条件下，验证电气设备所有部分运行的正确性，此时进一步观察机械动作和电器元件的动作是否符合原始工艺要求。

②对各种电器元件的整定数值进一步调整。

（4）试车的注意事项

①安装完毕后，应仔细检查是否有误，如有误应认真改正，然后向指导老师提出通电请求，经同意后才能通电试车。

②通电时，先接通控制电路，再接通主电路；断电时，先断开主电路，再断开控制电路。

③通电时，不得对线路进行带电改动。

④通电后，注意观察各种现象，随时做好停车准备，以防止意外事故发生。如有异常，应及时切断电源，再进行检修，检修完毕后再次向指导老师提出通电请求，直到满意为止；未查明原因不得擅自强行送电。

**项目考核单**

| 作业项目 | | 搅拌机电气控制柜制作与调试 | | | |
|---|---|---|---|---|---|
| 序号 | 考核项 | 得分条件 | 评分标准 | 配分 | 扣分 |
| 1 | 作业准备 | □1. 操作台。<br>□2. 元器件。<br>□3. 万用表。<br>□4. 导线 | 未完成1项扣3分，扣分不得超过12分 | 12 | |

| 作业项目 | | 搅拌机电气控制柜制作与调试 | | | |
|---|---|---|---|---|---|
| 序号 | 考核项 | 得分条件 | 评分标准 | 配分 | 扣分 |
| 2 | 安全措施 | □1. 作业前,对设备运行情况及外观进行检查。<br>□2. 操作台电源开关检查。<br>□3. 元器件检查 | 未完成 1 项扣 4 分,扣分不得超过 12 分 | 12 | |
| 3 | 电路图设计 | □1. 搅拌机电气控制柜原理图设计。<br>□2. 搅拌机电气控制柜布置图设计。<br>□3. 搅拌机电气控制柜接线图设计。<br>□4. 搅拌机电气控制柜外观图设计 | 未完成 1 项扣 5 分,扣分不得超过 20 分 | 20 | |
| 4 | 接线检查 | □1. 元器件整体布局。<br>□2. 配线及线号标注。<br>□3. 搅拌机电气控制柜底板接线。<br>□4. 搅拌机电气控制柜控制面板接线 | 未完成 1 项扣 5 分,扣分不得超过 20 分 | 20 | |
| 5 | 通电测试及排故 | □1. 搅拌机电气控制柜通电测试运行。<br>□2. 搅拌机电气控制柜故障排除 | 未完成 1 项扣 4 分,扣分不得超过 8 分 | 8 | |
| 6 | 操作后汇报 | □1. 操作完成是否全面检查设备。<br>□2. 操作完后是否向考核教师报告 | 未完成 1 项扣 4 分,扣分不得超过 8 分 | 8 | |
| 7 | 操作现场恢复 | □1. 将试验设备及部件整理恢复原状。<br>□2. 清理场地(工完、料净、场地清) | 未完成 1 项扣 4 分,扣分不得超过 8 分 | 8 | |
| 8 | 资料信息查询 | □1. 能在规定时间内查询所需资料。<br>□2. 能正确记录所需元器件。<br>□3. 能正确记录作业过程存在问题 | 未完成 1 项扣 4 分,扣分不得超过 12 分 | 12 | |
| 合计 | | | | 100 | |

项目 2
# 机床电动机顺序启动电气控制柜的制作与调试

项目任务单

| 项目编号 | 2 | 项目名称 | 机床电动机顺序启动电气控制柜的制作与调试 | 学时 | |
|---|---|---|---|---|---|
| 目的 | | | 1. 熟悉机床电动机顺序控制系统的工作过程。<br>2. 熟悉常用电气元件的结构和工作原理。<br>3. 能够设计机床电动机顺序控制系统电气控制柜原理图。<br>4. 能够绘制机床电动机顺序控制系统电气控制柜布置图。<br>5. 能够绘制机床电动机顺序控制系统电气控制柜接线图。<br>6. 能够制作机床电动机顺序控制系统电气控制柜 | | |
| 工艺要求<br>及参数 | | | ◆机床电机顺序控制系统结构简介。<br>◆电动机铭牌参数:<br>1. 电动机 M1:Y112M-4,4 kW,8.8 A,1 440 r/min。<br>2. 电动机 M2:Y160M-4,11 kW,23 A,1 460 r/min。<br>3. 电动机正常运行时为 Y 形连接。<br>◆控制要求如下:<br>1. 电动机 M1 启动延时 5 s 后,电动机 M2 才能启动;M2 停车后,电动机 M1 才可停车<br>2. 电动机 M1、M2 运行时有指示 | | |
| 工具 | | | 1. 多媒体教学设备。<br>2. 微机。<br>3. 电气控制柜实训操作台。<br>4. 电路设计绘图软件。<br>5. 实用电工手册 | | |
| 提交成果 | | | 1. 机床电动机顺序启动电气控制柜原理图。<br>2. 机床电动机顺序启动电气控制柜布置图。<br>3. 机床电动机顺序启动电气控制柜接线图。<br>4. 机床电动机顺序启动电气控制柜外观图。<br>5. 机床电动机顺序启动电气控制柜 | | |

186

## 2.1　机床电动机顺序启动电气控制柜原理图设计

**1. 机床电动机顺序启动控制系统工艺概况**

在机床电动机控制系统中,根据生产需要,有时要求多台电动机能够协调动作,同时要求各台电动机能按一定顺序进行启动和停止作业,这就需要对电动机进行顺序启动和顺序停止控制。本项目要求设计对两台电动机 M1、M2 进行顺序启动和顺序停车控制的电气控制柜。

(1)电动机的铭牌参数

①电动机 M1：Y112M-4、4 kW 8.8A、1 440 r/min。

②电动机 M2：Y160M-4、11 kW 23A、1 460 r/min。

③电动机正常运行时为 Y 形连接。

(2)控制要求

①电动机 M1 启动延时 5 s 后,电动机 M2 才能启动;M2 停车后,电动机 M1 才可停车。

②M1、M2 电动机运行时有指示。

**2. 设计机床电动机顺序启动电气控制柜原理图**

(1)机床电动机顺序启动电气控制柜主电路

根据控制要求,采用断路器 QF(自动空气开关)作为机床电动机顺序启动电气控制柜的电源引入开关。采用接触器 KM1 控制电动机 M1 运行,热继电器 FR1 实现对电动机 M1 过载保护;接触器 KM2 控制电动机 M2 运行,热继电器 FR2 实现对电动机 M2 过载保护;由此设计出搅拌机电气控制柜主电路,如图 5-2-1 所示。

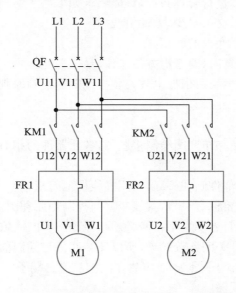

图 5-2-1　机床电动机顺序启动电气控制柜主电路

(2)机床电动机顺序启动电气控制柜控制电路

根据控制要求,用启动按钮 SB1 控制电动机 M1 启动,用停止按钮 SB3 控制电动机 M1 停车;用停止按钮 SB2 控制电动机 M2 停车。

在接触器 KM1、KM2 线圈两端各并联指示灯 HL1、HL2,分别显示电动机 M1、M2 的运行状态。用时间继电器 KT,实现对电动机 M2 按要求的延时时间顺序启动。机床电动机按顺序启动,电气控制柜控制电路如图 5-2-2 所示。

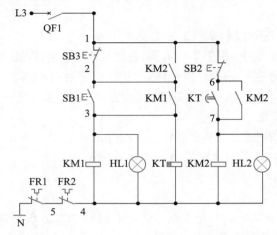

图 5-2-2　机床电动机顺序启动电气控制柜控制电路

## 2.2　机床电动机顺序启动电气控制柜布置图、接线图设计

**1. 电气控制柜布置图**

根据电气安装规范要求,在安装底板和控制面板上合理地布置电气元器件。结合电气原理图的控制顺序对电器元件进行合理布局,具体要求如下:

(1)连接导线最短,导线交叉最少,方便引线。

(2)尽量节省材料,减小底板的面积。

(3)控制面板元器件布置时,要考虑方便操作、易于记忆。

电器元件布置图完成之后,再依据电气安装接线图的绘制原则及相应的注意事项进行电气安装接线图的绘制。

**2. 电气控制柜接线图**

根据电气元器件原理图和布置图绘制接线图,各元器件的相对位置与实际安装位置要相对一致。绘制要求如下:

(1)一个元器件的所有部件画在一起,并用虚线框框起来。

(2)在元器件各部件上要标有线号,其线号要与控制柜原理图中,所标的线号一致。

(3)所有元器件的图形符号和文字符号必须与原理图中的一致。

因为控制柜面板门打开关闭比较频繁,所以安装底板与控制面板之间元器件的接线需通过接线端子排 XT2 来实现,端子排 XT2 应放在门轴一侧。端子排 XT2 接线如图 5-2-3 所示。

**3. 设计电气控制柜外观图**

(1)根据安装底板的尺寸,设计电气控制柜柜体大小。

(2)控制柜面板上的电气元器件,要布局合理、便于工作人员操作。

(3)考虑元器件通电后会散发热量,应在柜上做排气孔。

(4)整体要美观。

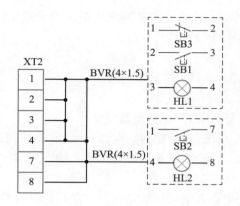

图 5-2-3　端子排 XT2 接线

## 2.3　机床电动机顺序启动电气控制柜导线连接

接线时应按照电气安装接线图的要求,并结合电气原理图中的导线编号及配线要求进行。

**1. 接线方法**

所有导线的连接必须牢固,不得松劲。在任何情况下,连接器件必须与连接的导线截面和材料性质相适应,导线与端子的接线,一般一个端子只连接一根导线。有些端子不适合连接软导线时,可在导线端头上采用针形、叉形等冷压接线头。如果采用专门设计的端子,可以连接两根或多根导线,但导线的连接方式必须是工艺上成熟的各种方式,如夹紧、压接、焊接、绕接等。导线的接头除必须采用焊接方法外,所有导线应当采用冷压接线头。若电气设备在运行时承受的振动很大,则不许采用焊接的方式。

根据接线图或原理图,将线号相同各点用导线连接,并在导线两端穿上线号。线号分别从导线的端头开始读数。

**2. 导线的标志**

保护导线采用黄绿双色;动力电路的中性线采用浅蓝色;交流控制电路采用黑线或灰线。

## 2.4　机床电动机顺序启动电气控制柜调试运行

**1. 试车前的准备工作**

(1)试车前必须了解各种电气设备和整个电气系统的功能,掌握试车的方法和步骤。

(2)做好试车前的检查工作,具体如下:

①根据电气原理图和电气安装接线图、电气布置图,检查各电器元件的位置是否正确,并检查其外观有无损坏;触点接触是否良好;配线导线的选择是否符合要求;柜内和柜外的接线是否正确、可靠及接线的各种具体要求是否达标;电动机运行时有无卡壳现象;各种操作、复位机构是否灵活;保护电器的整定值是否达到要求;各种指示和信号装置是否按要求发出指定信号等。

②用兆欧表检查电动机和连接导线的绝缘电阻。其值应分别符合各自的绝缘电阻要求,要求连接导线的绝缘电阻不小于 $7\ \mathrm{M\Omega}$,电动机的绝缘电阻不小于 $0.5\ \mathrm{M\Omega}$ 等。

③检查各电器元件动作是否符合电气原理图的要求及生产工艺要求。

④检查各开关按钮应处于原始位置。

**2. 通电试车**

在调试前的准备工作完成之后方可进行试车。

（1）空操作试车

①断开主电路，接通电源开关，使控制电路空操作。

②检查控制电路的工作情况，如按钮对继电器、接触器的控制作用；自锁、连锁的功能；时间继电器的延时时间等。如有异常，立刻切断电源开关检查原因。

（2）空载试车

①接通主电路，先点动检查各电动机的转向及转速是否符合要求。

②调整好保护电器的整定值，检查指示信号和照明灯的完好性等。

（3）带负荷试车

①在正常的工作条件下，验证电气设备所有部分运行的正确性，此时进一步观察机械动作和电器元件的动作是否符合原始工艺要求。

②对各种电器元件的整定数值进一步调整。

（4）试车的注意事项

①安装完毕后，应仔细检查是否有误，如有误应认真改正，然后向指导老师提出通电请求，经同意后才能通电试车。

②通电时，先接通控制电路，再接通主电路；断电时，先断开主电路，再断开控制电路。

③通电时，不得对线路进行带电改动。

④通电后，注意观察各种现象，随时做好停车准备，以防止意外事故发生。如有异常，应及时切断电源，再进行检修，检修完毕后再次向指导老师提出通电请求，直到满意为止；未查明原因不得擅自强行送电。

## 项目考核单

| 作业项目 | | 机床电动机顺序启动电气控制柜的制作与调试 | | | |
|---|---|---|---|---|---|
| 序号 | 考核项 | 得分条件 | 评分标准 | 配分 | 扣分 |
| 1 | 作业准备 | □1. 操作台。<br>□2. 元器件。<br>□3. 万用表。<br>□4. 导线 | 未完成1项扣3分，扣分不得超过12分 | 12 | |
| 2 | 安全措施 | □1. 作业前，对设备运行情况及外观进行检查。<br>□2. 操作台电源开关检查。<br>□3. 元器件检查 | 未完成1项扣4分，扣分不得超过12分 | 12 | |
| 3 | 电路图设计 | □1. 机床电动机顺序启动电气控制柜原理图设计。<br>□2. 机床电动机顺序启动电气控制柜布置图设计。<br>□3. 机床电动机顺序启动电气控制柜接线图设计。<br>□4. 机床电动机顺序启动电气控制柜外观图设计 | 未完成1项扣5分，扣分不得超过20分 | 20 | |

续表

| 作业项目 | | 机床电动机顺序启动电气控制柜的制作与调试 | | | |
|---|---|---|---|---|---|
| 序号 | 考核项 | 得分条件 | 评分标准 | 配分 | 扣分 |
| 4 | 接线检查 | □1. 元器件整体布局。<br>□2. 配线及线号标注。<br>□3. 机床电动机顺序启动电气控制柜底板接线。<br>□4. 机床电动机顺序启动电气控制柜控制面板接线 | 未完成1项扣5分，扣分不得超过20分 | 20 | |
| 5 | 通电测试及排故 | □1. 机床电动机顺序启动电气控制柜通电测试运行。<br>□2. 机床电动机顺序启动电气控制柜故障排除 | 未完成1项扣4分，扣分不得超过8分 | 8 | |
| 6 | 操作后汇报 | □1. 操作完成是否全面检查设备。<br>□2. 操作完后是否向考核教师报告 | 未完成1项扣4分，扣分不得超过8分 | 8 | |
| 7 | 操作现场恢复 | □1. 将试验设备及部件整理恢复原状。<br>□2. 清理场地(工完、料净、场地清) | 未完成1项扣4分，扣分不得超过8分 | 8 | |
| 8 | 资料信息查询 | □1. 能在规定时间内查询所需资料。<br>□2. 能正确记录所需元器件。<br>□3. 能正确记录作业过程存在问题 | 未完成1项扣4分，扣分不得超过12分 | 12 | |
| 合计 | | | | 100 | |

# 粉碎机电气控制柜的制作与调试

项目任务单

| 项目编号 | 3 | 项目名称 | 粉碎机电气控制柜的制作与调试 | 学时 | |
|---|---|---|---|---|---|
| 目的 | 1. 熟悉粉碎机的工作过程。<br>2. 熟悉常用电气元件的结构和工作原理。<br>3. 能够设计粉碎机电气控制柜原理图。<br>4. 能够绘制粉碎机电气控制柜布置图。<br>5. 能够绘制粉碎机电气控制柜接线图。<br>6. 能够制作粉碎机电气控制柜 | | | | |
| 工艺要求<br>及参数 | ◆粉碎机结构简介。<br>◆电动机铭牌参数：<br>1. 电动机：Y160M-4,11 kW,23 A,1 460 r/min。<br>2. 电动机正常运行时为△形连接。<br>◆控制要求如下：<br>1. 电动机采用 Y-△降压起动。<br>2. 电动机没工作时有指示。<br>3. 电动机起动和运行时有指示 | | | | |
| 工具 | 1. 多媒体教学设备。<br>2. 微机。<br>3. 电气控制柜实训操作台。<br>4. 电路设计绘图软件。<br>5. 实用电工手册 | | | | |
| 提交成果 | 1. 粉碎机电气控制柜原理图。<br>2. 粉碎机电气控制柜布置图。<br>3. 粉碎机电气控制柜接线图。<br>4. 粉碎机电气控制柜外观图。<br>5. 粉碎机电气控制柜 | | | | |

# 3.1　粉碎机电气控制柜原理图设计

**1. 粉碎机工艺概况**

锤片式粉碎机可用电动机拖动,由盛料滑板、粉碎室、输送装置等几部分组成。粉碎室内有转子,转子由圆盘和活动锤片构成。筛子和齿板也是粉碎机的主要工作部件。

粉碎机工作时,被加工的物料从盛料滑板进入粉碎室内,受到高速旋转的锤片的反复冲击、摩擦,以及在齿板上的碰撞,从而被逐步粉碎至需要的粒度通过筛孔漏下。漏下的饲料经输送风机、输料管送往聚料筒,在聚料筒内再经分离,粉料由下方排出装袋,空气由上方排出。粉碎机的结构如图 5-3-1 所示。

(a)　　　　　　　　　　　　　(b)

图 5-3-1　粉碎机的结构

(1)电动机的铭牌参数

①电动机 Y160M-4,11 kW,23 A,1 460 r/min。

②电动机正常运行时为△形连接。

(2)控制要求

①电动机采用降压起动。

②电动机没工作时有指示。

③电动机启动和运行时有指示。

**2. 设计粉碎机电气控制柜原理图**

(1)粉碎机电气控制柜主电路

根据控制要求,采用断路器 QF(自动空气开关)作为粉碎机电气控制柜的电源引入开关。考虑粉碎机刀片的使用寿命,需要对电动机进行正反转控制;其中,接触器 KM1 控制电动机 M 正转,接触器 KM2 控制电动机 M 反转;电动机采用 Y-△降压启动,使电动机启动时为 Y 形连接,正常运行时为△形连接;热继电器 FR 实现对电动机 M 过载保护;由此设计粉碎机电气控制柜主电路,如图 5-3-2 所示。

(2)粉碎机电气控制柜控制电路

根据控制要求,用两个启动按钮 SB1 和 SB2 分别控制电动机 M 正反向启动,只用一个停止按钮 SB 控制电动机 M 停车(不论电动机 M 正向还是反向运行,都由 SB 控制停车)。

电动机采用 Y-△降压启动。以电动机 M 正向启动为例:按下电动机正向启动按钮 SB1,接触器 KM1、KMY 线圈及时间继电器 KT 线圈同时得电,电动机 Y 形连接并正向启动,过一

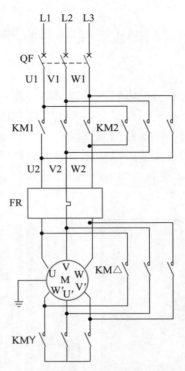

图 5-3-2　粉碎机电气控制柜主电路

段时间后,时间继电器 KT 延时触头动作,电动机改变为△形连接正常运行。

要求电动机在没工作时有指示灯,因此在指示灯 HL3 支路中,分别串联 KM1、KM2 常闭辅助触头;在接触器 KMY、KM△线圈两端各并联指示灯 HL1、HL2,用于显示电动机的启动与正常运行状态。粉碎机电气控制柜控制电路如图 5-3-3 所示。

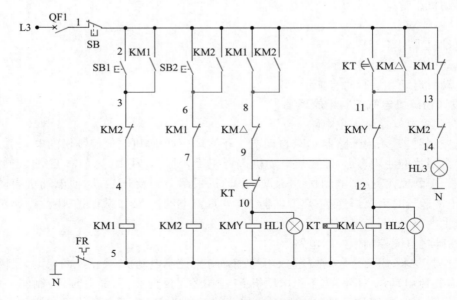

图 5-3-3　粉碎机电气控制柜控制电路

## 3.2　粉碎机电气控制柜布置图、接线图设计

**1. 电气控制柜布置图**

根据电气安装规范要求,在安装底板和控制面板上合理地布置电气元器件。结合电气原理图的控制顺序对电器元件进行合理布局具体要求如下:

(1)连接导线最短,导线交叉最少,方便引线。

(2)尽量节省材料,减小底板的面积。

(3)控制面板元器件布置时,要考虑方便操作、易于记忆。

电器元件布置图完成之后,再依据电气安装接线图的绘制原则及相应的注意事项进行电气安装接线图的绘制。

**2. 电气控制柜接线图**

根据电气元器件原理图和布置图绘制接线图,各元器件的相对位置与实际安装位置要相对一致。绘制要求如下:

(1)一个元器件的所有部件画在一起,并用虚线框框起来。

(2)在元器件各部件上要标有线号,其线号要与控制柜原理图中,所标的线号一致。

(3)所有元器件的图形符号和文字符号必须与原理图中的一致。

因为控制柜面板门打开关闭比较频繁,所以安装底板与控制面板之间元器件的接线需通过接线端子排 XT2 来实现,端子排 XT2 应放在门轴一侧。端子排 XT2 接线如图 5-3-4 所示。

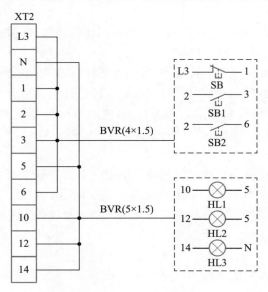

图 5-3-4　端子排 XT2 接线

**3. 设计电气控制柜外观图**

(1)根据安装底板的尺寸,设计电气控制柜柜体大小。

(2)控制柜面板上的电气元器件,要布局合理、便于工作人员操作。

(3)考虑元器件通电后会散发热量,应在柜上做排气孔。

(4)整体要美观。

# 3.3　粉碎机电气控制柜导线连接

接线时应按照电气安装接线图的要求,并结合电气原理图中的导线编号及配线要求进行。

**1. 接线方法**

所有导线的连接必须牢固,不得松劲。在任何情况下,连接器件必须与连接的导线截面和材料性质相适应,导线与端子的接线,一般一个端子只连接一根导线。有些端子不适合连接软导线时,可在导线端头上采用针形、叉形等冷压接线头。如果采用专门设计的端子,可以连接两根或多根导线,但导线的连接方式必须是工艺上成熟的各种方式,如夹紧、压接、焊接、绕接等。导线的接头除必须采用焊接方法外,所有导线应当采用冷压接线头。若电气设备在运行时承受的振动很大,则不许采用焊接的方式。

根据接线图或原理图,将线号相同各点用导线连接,并在导线两端穿上线号。线号分别从导线的端头开始读数。

**2. 导线的标志**

保护导线采用黄绿双色;动力电路的中性线采用浅蓝色;交流控制电路采用黑线或灰线。

# 3.4　粉碎机电气控制柜调试运行

**1. 试车前的准备工作**

(1)试车前必须了解各种电气设备和整个电气系统的功能,掌握试车的方法和步骤。

(2)做好试车前的检查工作,具体如下:

①根据电气原理图和电气安装接线图、电气布置图,检查各电器元件的位置是否正确,并检查其外观有无损坏;触点接触是否良好;配线导线的选择是否符合要求;柜内和柜外的接线是否正确、可靠及接线的各种具体要求是否达标;电动机运行时有无卡壳现象;各种操作、复位机构是否灵活;保护电器的整定值是否达到要求;各种指示和信号装置是否按要求发出指定信号等。

②用兆欧表检查电动机和连接导线的绝缘电阻。其值应分别符合各自的绝缘电阻要求,要求连接导线的绝缘电阻不小于 7 MΩ,电动机的绝缘电阻不小于 0.5 MΩ 等。

③检查各电器元件动作是否符合电气原理图的要求及生产工艺要求。

④检查各开关按钮应处于原始位置。

**2. 通电试车**

在调试前的准备工作完成之后方可进行试车。

(1)空操作试车

①断开主电路,接通电源开关,使控制电路空操作。

②检查控制电路的工作情况,如按钮对继电器、接触器的控制作用;自锁、连锁的功能;时间继电器的延时时间等。如有异常,立刻切断电源开关检查原因。

(2)空载试车

①接通主电路,先点动检查各电动机的转向及转速是否符合要求。

②调整好保护电器的整定值,检查指示信号和照明灯的完好性等。

（3）带负荷试车

①在正常的工作条件下，验证电气设备所有部分运行的正确性，此时进一步观察机械动作和电器元件的动作是否符合原始工艺要求。

②对各种电器元件的整定数值进一步调整。

（4）试车的注意事项

①安装完毕后，应仔细检查是否有误，如有误应认真改正，然后向指导老师提出通电请求，经同意后才能通电试车。

②通电时，先接通控制电路，再接通主电路；断电时，先断开主电路，再断开控制电路。

③通电时，不得对线路进行带电改动。

④通电后，注意观察各种现象，随时做好停车准备，以防止意外事故发生。如有异常，应及时切断电源，再进行检修，检修完毕后再次向指导老师提出通电请求，直到满意为止；未查明原因不得擅自强行送电。

## 项目考核单

| 作业项目 | | 粉碎机电气控制柜的制作与调试 | | | |
|---|---|---|---|---|---|
| 序号 | 考核项 | 得分条件 | 评分标准 | 配分 | 扣分 |
| 1 | 作业准备 | □1. 操作台。<br>□2. 元器件。<br>□3. 万用表。<br>□4. 导线 | 未完成1项扣3分，扣分不得超过12分 | 12 | |
| 2 | 安全措施 | □1. 作业前，对设备运行情况及外观进行检查。<br>□2. 操作台电源开关检查。<br>□3. 元器件检查 | 未完成1项扣4分，扣分不得超过12分 | 12 | |
| 3 | 电路图设计 | □1. 粉碎机电气控制柜原理图设计。<br>□2. 粉碎机电气控制柜布置图设计。<br>□3. 粉碎机电气控制柜接线图设计。<br>□4. 粉碎机电气控制柜外观图设计 | 未完成1项扣5分，扣分不得超过20分 | 20 | |
| 4 | 接线检查 | □1. 元器件整体布局。<br>□2. 配线及线号标注。<br>□3. 粉碎机电气控制柜底板接线。<br>□4. 粉碎机电气控制柜控制面板接线 | 未完成1项扣5分，扣分不得超过20分 | 20 | |
| 5 | 通电测试及排故 | □1. 粉碎机电气控制柜通电测试运行。<br>□2. 粉碎机电气控制柜故障排除 | 未完成1项扣4分，扣分不得超过8分 | 8 | |
| 6 | 操作后汇报 | □1. 操作完成是否全面检查设备。<br>□2. 操作完后是否向考核教师报告 | 未完成1项扣4分，扣分不得超过8分 | 8 | |
| 7 | 操作现场恢复 | □1. 将试验设备及部件整理恢复原状。<br>□2. 清理场地（工完、料净、场地清） | 未完成1项扣4分，扣分不得超过8分 | 8 | |
| 8 | 资料信息查询 | □1. 能在规定时间内查询所需资料。<br>□2. 能正确记录所需元器件。<br>□3. 能正确记录作业过程存在问题 | 未完成1项扣4分，扣分不得超过12分 | 12 | |
| 合计 | | | | 100 | |

**项目任务单**

| 项目编号 | 4 | 项目名称 | 车床电气控制柜的制作与调试 | 学时 | |
|---|---|---|---|---|---|
| 目的 | | | 1. 熟悉 CW6163 车床的工作过程。<br>2. 熟悉常用电气元件的结构和工作原理。<br>3. 能够设计 CW6163 车床电气控制柜原理图。<br>4. 能够绘制 CW6163 车床电气控制柜布置图。<br>5. 能够绘制 CW6163 车床控制系统接线图。<br>6. 能够制作 CW6163 车床电气控制柜 | | |
| 工艺要求<br>及参数 | | | ◆CW6163 车床结构简介。<br>◆电动机铭牌参数：<br>1. 主电动机 M1：Y160M-4，11 kW，380 V，23.0 A，1 460 r/min，使工件旋转。<br>2. 冷却泵电动机 M2：JCB-22，0.15 kW，380 V，0.43 A，2 790 r/min，供给冷却液。<br>3. 快速移动电动机 M3：Y90S-4，1.1 kW，380 V，2.8 A，1 400 r/min，使刀架快速移动。<br>◆控制要求如下：<br>1. 油泵电动机 M2 启动后，主轴电动机 M1 才能启动；主轴电机 M1 可单独停车。<br>2. 主轴电动机 M1 可以两地进行停止控制。<br>3. 快速移动电动机 M3 为点动。<br>4. 控制柜有电源指示。<br>5. 车床没工作时有指示。<br>6. 电动机 M1、M2 运行时有指示 | | |
| 工具 | | | 1. 多媒体教学设备国。<br>2. 微机。<br>3. 电气控制实训装置。<br>4. 电路设计绘图软件。<br>5. 实用电工手册 | | |
| 提交成果 | | | 1. CW6163 车床电气控制柜原理图。<br>2. CW6163 车床电气控制柜布置图。<br>3. CW6163 车床电气控制柜接线图。<br>4. CW6163 车床电气控制柜外观图。<br>5. CW6163 车床电气控制柜 | | |

## 4.1　车床电气控制柜原理图设计

**1. CW6163 型车床工艺概况**

CW6163 车床主要由床身、主轴变速箱、进给箱、溜板箱、溜板、丝杠和刀架等几部分组成。

车削加工的主运动是主轴通过卡盘或顶尖带动工件的旋转运动,且由主轴电动机通过带传动传到主轴变速箱再旋转的。车削加工时,一般不要求反转,该电动机属长期工作制。车床刀架的快速移动由一台单独的进给电动机拖动。

车削加工时,刀架的温度高,需要冷却液来进行冷却。为此,车床备有一台冷却泵电动机,为车削工件时输送冷却液,冷却泵电动机采用笼型异步电动机,属长期工作制。CW6163型车床结构如图 5-4-1 所示。

图 5-4-1　CW6163 型车床结构

(1)电动机的铭牌参数

主电动机 M1:Y160M-4,11 kW,380 V,23.0 A,1 460 r/min,使工件旋转。

冷却泵电动机 M2:JCB-22,0.15 kW,380 V,0.43 A,2 790 r/min,供给冷却液。

快速移动电动机 M3:Y90S-4,1.1 kW,380 V,2.8 A,1 400 r/min,使刀架快速移动。

(2)控制要求

①冷却泵电动机 M2 启动后,主轴电动机 M1 才能启动,主轴电动机 M1 可单独停车,特殊情况下同时停车。

②主轴电动机 M1 可以两地进行停止控制。

③快速移动电动机 M3 为点动,可正反转。

④控制柜有电源指示。

⑤车床没工作时有指示。

⑥电动机 M1、M2 运行时有指示。

**2. 设计 CW6163 型车床主电路、控制电路**

根据控制要求,主轴电动机 M1 采用直接启动控制的方式,由接触器 KM1 进行控制,对 M1 设置过载保护(FR1);冷却泵电动机 M2 由接触器 KM2 进行控制,对 M2 设置过载保护(FR2)。快速移动电动机 M3 分别由接触器 KM4、KM5 进行正反转控制,不加过载保护。CW6163 型车床电气控制柜主电路、控制电路如图 5-4-2 和图 5-4-3 所示。

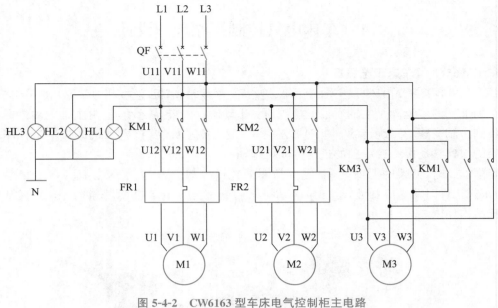

图 5-4-2　CW6163 型车床电气控制柜主电路

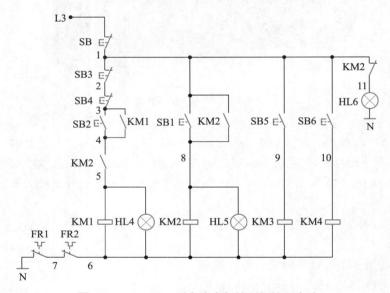

图 5-4-3　CW6163 型车床电气控制柜控制电路

（1）电动机 M1、M2 启动

合上断路器 QF，总电源指示灯亮，当按下 SB2 时，由于 KM2 的常开触头是断开的，所以电动机 M1 不能先启动。只有按下 SB1 后，KM2 线圈通电，KM2 主触头闭合，电动机 M2 启动。同时，指示灯 HL5 亮；KM2 常开辅助触头闭合，形成互锁；KM2 常开辅助触头闭合（KM1 线圈支路上的），为 M1 电机启动做准备。按下 SB2 后，KM1 线圈通电，KM1 主触头闭合，电动机 M1 启动。同时，指示灯 HL4 亮；KM1 常开辅助触头闭合，形成自锁。

（2）电动机 M1、M2 停车

电动机 M1 可单独停车，按下 SB3（或 SB4）时，KM1 线圈断电，KM1 主触头断开，电动机 M1 停转。同时，指示灯 HL4 灭；KM1 常开辅助触头断开（失去自锁）。

电动机 M2 不可单独停车,按下 SB 时,线圈 KM1 断电,KM1 主触头断开,KM1 常开辅助触头断开(失去自锁),电动机 M1 停转,指示灯 HL4 灭;同时 KM2 线圈断电,KM2 主触头断开,电动机 M2 停转。同时,指示灯 HL5 灭;KM2 常开辅助触头断开(失去自锁);与指示灯 HL6 串联的 KM2 常闭辅助触头闭合,指示灯 HL6 绿灯亮。

(3)电动机 M3 点动

按下 SB5,线圈 KM3 通电,KM3 主触头闭合,电动机 M3 正转;放开 SB5,线圈 KM3 断电,KM3 主触头断开,电动机 M3 停转。

按下 SB6,线圈 KM4 通电,KM4 主触头闭合,电动机 M3 反转;放开 SB6,线圈 KM4 断电,KM4 主触头断开,电动机 M3 停转。

## 4.2 车床电气控制柜布置图、接线图设计

**1. 电气控制柜布置图**

根据电气安装规范要求,在安装底板和控制面板上合理地布置电气元器件。结合电气原理图的控制顺序对电器元件进行合理布局具体要求如下:

(1)连接导线最短,导线交叉最少,方便引线。

(2)尽量节省材料,减小底板的面积。

(3)控制面板元器件布置时,要考虑方便操作、易于记忆。

(4)电器元件布置图完成之后,再依据电气安装接线图的绘制原则及相应的注意事项进行电气安装接线图的绘制。

**2. 电气控制柜接线图**

根据电气元器件原理图和布置图绘制接线图,各元器件的相对位置与实际安装位置要相对一致。绘制要求如下:

(1)一个元器件的所有部件画在一起,并用虚线框框起来。

(2)在元器件各部件上要标有线号,其线号要与控制柜原理图中,所标的线号一致。

(3)所有元器件的图形符号和文字符号必须与原理图中的一致。

因为控制柜面板门打开关闭比较频繁,所以安装底板与控制面板之间元器件的接线需通过接线端子排 XT2 来实现,端子排 XT2 应放在门轴一侧。端子排 XT2 接线如图 5-4-4 所示。

**3. 设计电气控制柜外观图**

(1)根据安装底板的尺寸,设计电气控制柜柜体大小。

(2)控制柜面板上的电气元器件,要布局合理、便于工作人员操作。

(3)考虑元器件通电后会散发热量,应在柜上做排气孔。

(4)整体要美观。

## 4.3 车床电气控制柜导线连接

接线时应按照电气安装接线图的要求,并结合电气原理图中的导线编号及配线要求进行。

**1. 接线方法**

所有导线的连接必须牢固,不得松劲。在任何情况下,连接器件必须与连接的导线截面

201

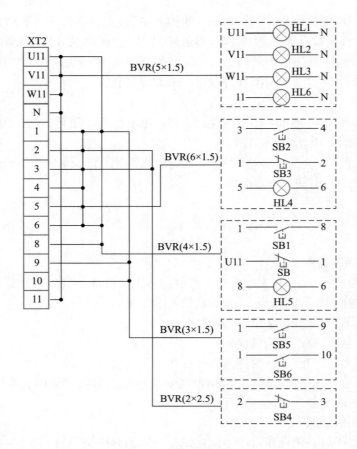

图 5-4-4　端子排 XT2 接线

和材料性质相适应,导线与端子的接线,一般一个端子只连接一根导线。有些端子不适合连接软导线时,可在导线端头上采用针形、叉形等冷压接线头。如果采用专门设计的端子,可以连接两根或多根导线,但导线的连接方式必须是工艺上成熟的各种方式,如夹紧、压接、焊接、绕接等。导线的接头除必须采用焊接方法外,所有导线应当采用冷压接线头。若电气设备在运行时承受的振动很大,则不许采用焊接的方式。

　　根据接线图或原理图,将线号相同各点用导线连接,并在导线两端穿上线号。线号分别从导线的端头开始读数。

**2. 导线的标志**

保护导线采用黄绿双色;动力电路的中性线采用浅蓝色;交流控制电路采用黑线或灰线。

# 4.4　车床电气控制柜调试运行

**1. 试车前的准备工作**

(1)试车前必须了解各种电气设备和整个电气系统的功能,掌握试车的方法和步骤。

(2)做好试车前的检查工作,具体如下:

①根据电气原理图和电气安装接线图、电气布置图,检查各电器元件的位置是否正确,并检查其外观有无损坏;触点接触是否良好;配线导线的选择是否符合要求;柜内和柜外的接线

是否正确、可靠及接线的各种具体要求是否达标;电动机运行时有无卡壳现象;各种操作、复位机构是否灵活;保护电器的整定值是否达到要求;各种指示和信号装置是否按要求发出指定信号等。

②用兆欧表检查电动机和连接导线的绝缘电阻。其值应分别符合各自的绝缘电阻要求,要求连接导线的绝缘电阻不小于 7 MΩ,电动机的绝缘电阻不小于 0.5 MΩ 等。

③检查各电器元件动作是否符合电气原理图的要求及生产工艺要求。

④检查各开关按钮应处于原始位置。

**2. 通电试车**

在调试前的准备工作完成之后方可进行试车。

(1)空操作试车

①断开主电路,接通电源开关,使控制电路空操作。

②检查控制电路的工作情况,如按钮对继电器、接触器的控制作用;自锁、连锁的功能;时间继电器的延时时间等。如有异常,立刻切断电源开关检查原因。

(2)空载试车

①接通主电路,先点动检查各电动机的转向及转速是否符合要求。

②调整好保护电器的整定值,检查指示信号和照明灯的完好性等。

(3)带负荷试车

①在正常的工作条件下,验证电气设备所有部分运行的正确性,此时进一步观察机械动作和电器元件的动作是否符合原始工艺要求。

②对各种电器元件的整定数值进一步调整。

(4)试车的注意事项

①安装完毕后,应仔细检查是否有误,如有误应认真改正,然后向指导老师提出通电请求,经同意后才能通电试车。

②通电时,先接通控制电路,再接通主电路;断电时,先断开主电路,再断开控制电路。

③通电时,不得对线路进行带电改动。

④通电后,注意观察各种现象,随时做好停车准备,以防止意外事故发生。如有异常,应及时切断电源,再进行检修,检修完毕后再次向指导老师提出通电请求,直到满意为止;未查明原因不得擅自强行送电。

## 项目考核单

| 作业项目 | | 车床电气控制柜的制作与调试 | | | |
|---|---|---|---|---|---|
| 序号 | 考核项 | 得分条件 | 评分标准 | 配分 | 扣分 |
| 1 | 作业准备 | □1. 操作台。<br>□2. 元器件。<br>□3. 万用表。<br>□4. 导线 | 未完成1项扣3分,扣分不得超过12分 | 12 | |

续表

| 作业项目 | | 车床电气控制柜的制作与调试 | | | |
|---|---|---|---|---|---|
| 序号 | 考核项 | 得分条件 | 评分标准 | 配分 | 扣分 |
| 2 | 安全措施 | □1. 作业前,对设备运行情况及外观进行检查。<br>□2. 操作台电源开关检查。<br>□3. 元器件检查 | 未完成1项扣4分,扣分不得超过12分 | 12 | |
| 3 | 电路图设计 | □1. CW6163车床电气控制柜原理图设计。<br>□2. CW6163车床电气控制柜布置图设计。<br>□3. CW6163车床电气控制柜接线图设计。<br>□4. CW6163车床电气控制柜外观图设计 | 未完成1项扣5分,扣分不得超过20分 | 20 | |
| 4 | 接线检查 | □1. 元器件整体布局。<br>□2. 配线及线号标注。<br>□3. CW6163车床电气控制柜底板接线。<br>□4. CW6163车床电气控制柜控制面板接线 | 未完成1项扣5分,扣分不得超过20分 | 20 | |
| 5 | 通电测试及排故 | □1. CW6163车床电气控制柜通电测试运行。<br>□2. CW6163车床电气控制柜故障排除 | 未完成1项扣4分,扣分不得超过8分 | 8 | |
| 6 | 操作后汇报 | □1. 操作完成是否全面检查设备。<br>□2. 操作完后是否向考核教师报告 | 未完成1项扣4分,扣分不得超过8分 | 8 | |
| 7 | 操作现场恢复 | □1. 将试验设备及部件整理恢复原状。<br>□2. 清理场地(工完、料净、场地清) | 未完成1项扣4分,扣分不得超过8分 | 8 | |
| 8 | 资料信息查询 | □1. 能在规定时间内查询所需资料。<br>□2. 能正确记录所需元器件。<br>□3. 能正确记录作业过程存在问题 | 未完成1项扣4分,扣分不得超过12分 | 12 | |
| | | 合计 | | 100 | |

# 参考文献

［1］ 中华人民共和国住房和城乡建设部.电气装置安装工程　电气设备交接试验标准:GB50150—2016［S］.北京:中国计划出版社,2016.

［2］ 国家能源局.电力设备预防性试验规程［S］.北京:中国电力出版社,2021.

［3］ 国家能源局.接地装置特性参数测量导则［S］.北京:中国电力出版社,2017.

［4］ 国家能源局.现场绝缘试验实施导则［S］.北京:中国电力出版社,2019.

［5］ 国家能源局.带电作业工具、装置和设备预防性试验规程［S］.北京:中国电力出版社,2018.

［6］ 国家电网公司.输变电设备状态检修试验规程［S］.北京:中国电力出版社,2008.

［7］ 国家能源局.电力安全工器具预防性试验规程［S］.北京:中国电力出版社,2015.

［8］ 中国南方电网有限责任公司.10 kV 配电线路带电作业指南［M］.北京:中国电力出版社,2015.

［9］ 中国华电集团有限公司.电力安全工作规程(电气部分)［S］.北京:中国电力出版社,2020.

［10］ 赵智大.高电压技术［M］.北京:中国电力出版社,2013.

［11］ 万东梅.电气控制技术及应用［M］.北京:中国电力出版社,2015.

［12］ 中国中车集团有限公司.轨道交通电气设备装调(初级)［M］.北京:中国铁道出版社有限公司,2021.

［13］ 国家电网公司.电力安全工作规程　变电部分［S］.北京:中国电力出版社,2009.